Ressourceneffiziente Kalibrierung von 5-Achs-Werkzeugmaschinen mit Tracking-Interferometern

Von der Fakultät für Maschinenwesen
der Rheinisch-Westfälischen Technischen Hochschule Aachen
zur Erlangung des akademischen Grades eines
Doktors der Ingenieurwissenschaften
genehmigte Dissertation

vorgelegt von

Philipp Jatzkowski

Berichter:

Univ.-Prof. Dr.-Ing. Robert Heinrich Schmitt
Univ.-Prof. Dr.-Ing. Gert Goch

Tag der mündlichen Prüfung: 08. März 2011

ERGEBNISSE AUS DER PRODUKTIONSTECHNIK

Philipp Jatzkowski

Ressourceneffiziente Kalibrierung von 5-Achs-Werkzeugmaschinen mit Tracking-Interferometern

Herausgeber:
Prof. Dr.-Ing. Dr.-Ing. E.h. Dr. h.c. Dr. h.c. F. Klocke
Prof. Dr.-Ing. Dipl.-Wirt.Ing. G. Schuh
Prof. Dr.-Ing. C. Brecher
Prof. Dr.-Ing. R. H. Schmitt

Band 2/2011

WZL RWTHAACHEN

Fraunhofer IPT

Bibliografische Information der Deutschen Nationalbibliothek
Die Deutsche Nationalbibliothek verzeichnet diese Publikation in der Deutschen Nationalbibliografie; detaillierte bibliografische Daten sind im Internet über http://dnb.ddb.de abrufbar.

Philipp Jatzkowski:

Ressourceneffiziente Kalibrierung von 5-Achs-Werkzeugmaschinen mit Tracking-Interferometern

1. Auflage, 2011

Gedruckt auf holz- und säurefreiem Papier, 100% chlorfrei gebleicht.

Apprimus Verlag, Aachen, 2011
Wissenschaftsverlag des Instituts für Industriekommunikation und Fachmedien an der RWTH Aachen
Steinbachstr. 25, 52074 Aachen
Internet: www.apprimus-verlag.de, E-Mail: info@apprimus-verlag.de

Druck: KN Digital Printforce GmbH, Stuttgar

ISBN 978-3-86359-011-6

D 82 (Diss. RWTH Aachen University, 2011)

Danksagung

Die vorliegende Dissertation entstand während meiner Tätigkeit als wissenschaftlicher Mitarbeiter am Lehrstuhl für Fertigungsmesstechnik und Qualitätsmanagement des Werkzeugmaschinenlabors WZL der Rheinisch-Westfälischen Technischen Hochschule Aachen.

An erster Stelle gilt mein Dank Herrn Professor Dr.-Ing. Robert Schmitt, Inhaber des Lehrstuhls für Fertigungsmesstechnik und Qualitätsmanagement am Werkzeugmaschinenlabor, für die Betreuung dieser Arbeit und die Tätigkeit als Berichter in meinem Promotionsverfahren. Weiterhin danke ich Herrn Professor Goch, Leiter des Bremer Instituts für Messtechnik, Automatisierung und Qualitätswissenschaft, für die Übernahme des Korreferats.

Mein besonderer Dank gilt Herrn Dr. Heinrich Schwenke, Vorstandsvorsitzender der Etalon AG, und Frau Christina Warmann, Leiterin der Softwareentwicklung der Etalon AG, sowie Herrn Dirk Kaiser, Herrn Oliver Grigo und Herrn Matthias Franke für die vertrauensvolle Zusammenarbeit im gemeinsamen Forschungsvorhaben „PK-Mult – Parametrische Kalibrierung von Werkzeugmaschinen mit bis zu 5 Achsen durch Multilateration“, das vom Bundesministerium für Wirtschaft und Technologie BMWi gefördert worden ist. Gleichermaßen gilt mein Dank Herrn Dr. Klaus Wendt und Frau Kerstin Rost von der Physikalisch-Technischen Bundesanstalt (PTB) in Braunschweig für die Zusammenarbeit im Forschungsvorhaben „LaserTrace – Kalibrierung großer Bauteile mit Lasertrackern – Bestimmung der aufgabenspezifischen Messunsicherheit“ und im VDI/VDE-GMA Fachausschuss 3.31 „Koordinatenmessgeräte“.

Ein herzlicher Dank gilt den Mitarbeitern und Mitarbeiterinnen vom Werkzeugmaschinenlabor und dem Fraunhofer-Institut für Produktionstechnologie IPT für die gute Zusammenarbeit in einer freundlichen und offenen Arbeitsatmosphäre. Bei Björn Dietrich, Peter Fritz und Björn Damm möchte ich mich für die kameradschaftliche Zeit im Büro bedanken. Wolfgang Mehner, Alina Forster und Thomas Rusinski danke ich für die engagierte Mitarbeit als studentische Hilfskräfte sowie Marco Protz als mathematisch-technischem Softwareentwickler.

Meiner Frau Stephanie Rehbach danke ich ganz besonders für ihre Liebe und den Rückhalt, der mir die Kraft und das Durchhaltevermögen gegeben hat, diese Arbeit zu vollenden. Nicht zuletzt möchte ich meinen Eltern danken, die mir diesen Weg erst ermöglicht haben. Ihnen widme ich diese Arbeit.

Aachen im März 2011 Philipp Jatzkowski

Inhaltsverzeichnis

Table of Contents

Abkürzungsverzeichnis

A	Methode A: Experimentelle Ermittlung der Eingangsgrößen gemäß GUM
A, B, C	Rotatorische Maschinenachsen
AOC, BOC	Rechtwinkligkeit der C-Achse relativ zu den Linearachsen gemäß ISO-230-7
ASO	Axial Sphere Offset (Lateraler Kugel-Versatz)
B	Methode B: Übernahme der Daten aus Kalibrierprotokollen oder vorangegangenen Abschätzungen
BAO	Beam Axis Offset (Strahl-Versatz)
BAT	Beam Axis Tilt (Strahlschiefe)
Blisk	Blade Integrated Disk
BMWi	Bundesministerium für Wirtschaft und Technologie
COY, BOZ, AOZ	Rechtwinkligkeit der Linearachsen gemäß ISO-230-1
DWD	Deutscher Wetterdienst
EAC, EBC	Taumeln der C-Achse gemäß ISO-230-7
EAZ	Stampfen der z-Achse gemäß ISO-230-1
EBZ	Gieren der z-Achse gemäß ISO-230-1
ECC	Positionsfehler der C-Achse gemäß ISO-230-7
ECZ	Rollen der z-Achse gemäß ISO-230-1
EXC, EYC	Radialbewegung der C-Achse gemäß ISO-230-7
EXZ, EYZ	Geradheitsabweichung der z-Achse gemäß ISO-230-1
EZC	Axialbewegung der C-Achse gemäß ISO-230-7
EZZ	Positionsabweichung der z-Achse gemäß ISO-230-1
GIK	Geodätisches Institut, Universität Karlsruhe
GUM	Guide to the Expression of Uncertainty in Measurement
ISO	International Organization for Standardization
JCGM	Joint Committee for Guides in Metrology
LSO	Lateral Sphere Offset (Lateraler Kugel-Versatz)
MCS	Monte Carlo Simulation
MO	Mirror Offset (Spiegel-Versatz)

MT	Mirror Tilt (Spiegel-Neigung)
NC	Numerical Control (Numerische Steuerung)
NIST	National Institute of Standards and Technology
NPL	National Physical Laboratory
PSD	Positionssensitive Diode
PTB	Physikalisch Technische Bundesanstalt
Rot	Rotationsmatrix
SOx, SOy	Exzentrizität der Präzisionskugel
SPS	Speicherprogrammierbare Steuerung
SSD	Sphere Shape Deviation (Formabweichung der Kugel)
TAO	Transit Axis Offset (Kippachs-Versatz)
TAT	Transit Axis Tilt (Kippachsschiefe)
TCP	Tool-Center-Point
U/OTG	Untere/Obere Toleranzgrenze
VCS	Volumetric Compensation System
VDE	Verband der Elektrotechnik, Elektronik und Informationstechnik
VDI	Verein Deutscher Ingenieure
VDW	Verein Deutscher Werkzeugmaschinenfabriken
WZL	Werkzeugmaschinenlabor WZL der RWTH Aachen
WZM	Werkzeugmaschine
x, y, z	Kartesische Koordinaten
XOC, YOC	Position der C-Achse im kartesischen Koordinatensystem gemäß ISO-230-7

Formelzeichen

a	mm	Soll-Position des Tracking-Interferometers im kartesischen Koordinatensystem der Werkzeugmaschine
B		Bezier-Polynom
b_y	µm	Betrag der lateralen Strahlablenkung nach dem Fermat'schen Prinzip
c_0	m/s	Lichtgeschwindigkeit im Vakuum
c_i		Kontrollpunkte von Bezier-Polynomen
c_M, c_{MK}		Maschinenfähigkeit
d	mm	Längenmesswert des Tracking-Interferomters
D	mm	Abstand des Tracking-Interferometers zu den Reflektoren (Front-Side/Back-Side Messung)
dp	Pascal	Druckgradient
dT		Temperaturgradient
	K	
Dy	mm	Senkrechter Abstand des Tracking-Interferometers vom Rotationstisch
ΔL	µm	Relative Längenfehler
$e_{x,y,z}$	µm	Translatorische Fehler einer Rotationsachse
$e_{\alpha,\beta,\gamma}$	µm	Rotatorische Fehler einer Rotationsachse
f_{WD}	Pascal	Wasserdampfpartialdruck
f	Hz	Frequenz
l_i	mm	Abstand Zwischen Reflektor und Kugelzentrum des LaserTracers
L	mm	Wirksame Länge der Strahlablenkung nach dem Fermat'schen Prinzip
l_t	Mm	Start-Position des Tracking-Interferometers (Koordinatensystem, Ursprung in der Rotationsachse)
l_{te}	Mm	Ist-Position des Tracking-Interferometers (Koordinatensystem, Ursprung in der Rotationsachse)
LTx, LTy, LTz	µm	Position des Tracking-Interferometers relativ zur Position der Rotationsachse

n_{Soll}	mm	Soll-Position des Tracking-Interferometers (Koordinatensystem, Ursprung in der Rotationsachse)
n_{St}		Stichprobenumfang
n		Brechungsindex
$\vec{n}$		Normalenvektor der optischen Grenzfläche
N	mm	Nennwert
p	Pascal	Druck
R		Rodrigues-Matrix
RH	%	Relative Luftfeuchtigkeit
$s_{Prozess}$		Gemessene Prozessstreuung einer Stichprobe
T	°C	Temperatur
t	s	Zeit
TF	µm	Toleranzfeldbreite
TM		Transformationsmatrix
Trans		Translationsmatrix
$T_{min,cM}$	µm	Minimal herstellbare Toleranz (c_M)
$T_{min,cMK}$	µm	Minimal herstellbare Toleranz (c_{MK})
u		Zufällige Abweichung
$U_A(\varphi)$	Volt	Winkelabhängige Spannung
v	m/s	Verfahrgeschwindigkeit des Reflektors auf der Werkzeugmaschine
$\vec{v}_1$		Einfallender Strahl
$\vec{v}_2$		Gebrochener Strahl
$\vec{v}_3$		Reflektierter Strahl
V_{SS}	Volt	Signal in Volt (Spitze-Spitze)
$\bar{x}$	mm	Mittelwert einer Stichprobe
X		Strahlverlauf nach dem Fermat'schen Prinzip
x_0	mm	Startposition der Werkzeugmaschine
x_{Tracer}	mm	Positionsmessung des LaserTracers
x_{WZM}	mm	Positionsmessung der Werkzeugmaschine
β	Grad	Winkelposition der B-Achse
β_{soll}	Grad	Soll-Winkelposition der B-Achse

γ	Grad	Winkelbewegung einer Rotationsachse
δ	Grad	Winkelabweichung von der parallelen Reflexion
$\Delta_{t,sys}$	µm	Systematischer Synchronisationsfehler
$\Delta_{WZM,\varepsilon Y\varepsilon}$	mm	Gemessene Positionsabweichung (Direkte Messung mit dem Tracking-Interferometer)
Δx, Δy, Δz	µm	Direkt gemessene Exzentrizität/ Axialbewegung einer Rotationsachse
η	mm	Wegstrecke des Lichts nach dem Fermat'schen Prinzip
λ	Nm	Wellenlänge
λ_0	Nm	Vakuumwellenlänge
τ	S	Laufzeit des Lichts
Θ	Grad	Zenitwinkel des Tracking-Interferometers
Φ	Grad	Horizontalwinkel des Tracking-Interferometers

Die Neugier steht immer
an erster Stelle eines Problems,
das gelöst werden will.
Galileo Galilei

1 Einleitung

Die Werkzeugmaschine bildet das Rückgrad der industriellen Produktion. Ihre Flexibilität ermöglicht die wirtschaftliche Fertigung komplexer Geometrien mit hoher Präzision. Getrieben durch die stetige technologische Entwicklung und die zunehmende Dezentralisierung der Produktion ist der Trend zur Einhaltung kleinerer Toleranzen und somit zur Steigerung der Fertigungspräzision von Werkzeugmaschinen ungebrochen [IMKA09; SCHM09a; KUNZ05].

Die Fertigungsmesstechnik ist eine Schlüsseltechnologie, um dieser Herausforderung zu begegnen. Bereits Lord Kelvin hat 1883 das Messen als eine Grundlage des Fortschritts beschrieben: „If you can not measure it, you can not improve it." Die Messtechnik macht die Abweichungen des Produkts von seiner idealen Geometrie sichtbar und generiert somit unmittelbar Wissen über den Produktionsprozess [SCHM10; SCHM09b; SCHM09c].

Zur Steigerung der Fertigungspräzision von Werkzeugmaschinen mittels Messtechnik gibt es zwei Möglichkeiten: Die Messung des gefertigten Produkts für die anschließende produktspezifische Korrektur der Abweichungen und die Kalibrierung des Produktionsmittels, um Störeinflüsse unabhängig vom gefertigten Produkt zu korrigieren.

Eine Einflussgröße, die sich unmittelbar auf die Produktqualität auswirkt, ist die Positionsabweichung von Werkzeugmaschinen aufgrund von Geometriefehlern der Führungen, Umkehrspiel und Fehlern der Wegmesssysteme. Die Ausprägung der Positionsabweichung basiert heute primär auf der Güte der mechanischen Komponenten. Aufgrund der hohen Anforderungen an die Positionsgenauigkeit und dem internationalen Wettbewerbsdruck stößt diese Vorgehensweise zunehmend an technologische und wirtschaftliche Grenzen. Ein vielversprechender Ansatz, die Präzision von Werkzeugmaschinen wirtschaftlich zu steigern ist die numerische Korrektur auf Basis einer

Kalibriermessung, die im Bereich der Koordinatenmesstechnik bereits weit verbreitet ist. [SCHM09d; SART95]

Die notwendige Bedingung für die numerische Korrektur ist eine hohe Wiederholgenauigkeit der Werkzeugmaschine. Die hinreichende Bedingung ist die Verfügbarkeit eines Kalibrierverfahrens, mit dem alle relevanten Parameter schnell und mit ausreichender Präzision aufgenommen werden können. Ein innovatives Verfahren zur Messung der Positionsabweichungen, das bereits erfolgreich zur Kalibrierung von Koordinatenmessgeräten eingesetzt wird, ist die sequentielle Multilateration mit Tracking-Interferometern [WEND03; WEND01; SCHW99a]. Tracking-Interferometer sind optische Messsysteme, mit denen relative Längenänderungen zwischen einem Reflektor und einem Interferometer nach dem Prinzip der Interferenz gemessen werden. Wird der Reflektor bewegt, folgt das Tracking-Interferometer der Bewegung und richtet sich selbständig auf das Zentrum des Reflektors aus (Tracking: engl. Verfolgen). Die sequentielle Multilateration beschreibt die Messung von Längendifferenzen zwischen idealer und realer Reflektorposition, während der Reflektor entlang eines vordefinierten Pfads verfahren wird. Auf Basis dieser Messergebnisse und eines Starrkörpermodells der kalibrierten Kinematik können die Geometriefehler mittels eines Best-Fit Algorithmus berechnet werden.

In den letzten Jahren wird das Verfahren der sequentiellen Multilateration auch bei Werkzeugmaschinen eingesetzt, um deren Geometriefehler zu kompensieren und somit die Fertigungsgenauigkeit zu steigern. Unklar sind allerdings bislang die Wirksamkeit der Kompensation in Bezug auf die Steigerung der Prozessfähigkeit und der wirtschaftliche Nutzen für die Produktionstechnik.

Die folgenden Untersuchungen zeigen daher, unter welchen Voraussetzungen Tracking-Interferometer für die Kalibrierung von Werkzeugmaschinen eingesetzt werden können (Kapitel 5, 6 und 7) und welchen Beitrag eine Kompensation von Geometriefehlern zur Steigerung der Fertigungspräzision von Werkzeugmaschinen und zur Wirtschaftlichkeit der Produktion leisten kann (Kapitel 8). Daraus ergibt sich folgende Forschungsfrage, die dieser Arbeit zugrunde liegt:

> *Können das Verfahren der Kalibrierung von Werkzeugmaschinen mittels sequentieller Multilateration und die anschließende Kompensation der Geometriefehler einen signifikanten Beitrag dazu leisten, die Fertigungsgenauigkeit von Werkzeugmaschinen und somit die Wirtschaftlichkeit der Produktion zu steigern?*

Die Voraussetzung für den Einsatz von Tracking-Interferometern zur Kalibrierung von Werkzeugmaschinen ist die Rückführung der Längenmessung auf das nationale Normal sowie eine hinreichend geringe Messunsicherheit im Verhältnis zur Ausprägung der systematischen Geometriefehler [KNAPP02; ISO230-1]. Um die Eignung des Verfahrens beurteilen zu können, ist es demnach erforderlich, die Messunsicherheit im Vorfeld der Messung abschätzen zu können. Hinzu kommt, dass die Längenmessungen des Tracking-Interferometers in ein überbestimmtes Gleichungssystem einfließen und in Abhängigkeit von ihrer Unsicherheit gewichtet werden. Das Wissen über die Unsicherheit der einzelnen Messwerte hat somit einen direkten Einfluss auf das Kalibrierergebnis. Die Unsicherheit der relativen Längenmessung konnte bisher allerdings noch nicht für alle Bauarten von Tracking-Interferometern hinreichend genau abgeschätzt werden.

In Kapitel 5 wird daher ein detailliertes metrologisches Modell des Kalibrierverfahrens und der Tracking-Interferometer entwickelt, das für jeden Längenmesswert eine automatisierte Berechnung der Messunsicherheit ermöglicht, die zu folgender Forschungsfrage führt:

> *Kann die Unsicherheit der relativen Längenmessung von Tracking-Interferometern im Rahmen der Kalibrierung von Werkzeugmaschinen nach dem Prinzip der sequentiellen Multilateration automatisiert abgeschätzt werden?*

Das Verfahren der sequentiellen Multilateration mit Tracking-Interferometern war bisher auf die Kalibrierung von Linearachsen beschränkt. Viele moderne Werkzeugmaschinen verfügen allerdings neben den Linearachsen über zusätzliche Drehachsen, deren Geometriefehler einen wesentlichen Einfluss auf das Fertigungsergebnis haben können [SCHM09d, SCHW09a; GRUN05]. In Kapitel 6 wird daher eine Erweiterung der sequentiellen Multilateration für die Kalibrierung von Drehachsen vorgestellt und durch eine Vergleichsmessung validiert. Die Forschungsfrage resultiert hier aus der Forderung nach einer möglichst vollständigen Kalibrierung von Rotationsachsen mit hinreichend geringer Messunsicherheit:

> *Können die geometrischen Fehlerparameter der Rotationsachsen von Werkzeugmaschinen mit Tracking-Interferometern vollständig und mit hinreichend geringer Messunsicherheit gemessen werden?*

Eine weitere Forderung an ein Verfahren zur Kalibrierung von Werkzeugmaschinen ist eine geringe Messdauer, da die Messzeit unmittelbar zu Ausfallzeiten in der Produktion führt. Bei der sequentiellen Multilateration mit Tracking-Interferometern resultiert ein wesentlicher Anteil an der Messzeit daraus, dass die Längenmessung während des Stillstands der Maschine erfolgt. In Kapitel 7 wird daher eine Methode zur kontinuierlichen Messung bei bewegter Maschine vorgestellt. Die Forschungsfrage resultiert aus den Anforderungen der Zeitersparnis und der Beibehaltung der geringen Messunsicherheit der statischen Messung:

> *Kann die Dauer der Kalibrierung von Werkzeugmaschinen mit Tracking-Interferometern durch eine kontinuierliche Messung bei bewegter Maschine signifikant reduziert und eine hinreichend geringe Messunsicherheit beibehalten werden?*

Die Ergebnisse der vorliegenden Arbeit basieren in großen Teilen auf zwei Forschungsvorhaben, dem Projekt PK-Mult („Parametrische Kalibrierung von Werkzeugmaschinen mit bis zu 5 Achsen durch Multilateration“) das in Kooperation mit der Firma Etalon bearbeitet und vom Bundesministerium für Wirtschaft und Technologie (BMWi) gefördert wurde sowie dem Projekt LaserTrace („Kalibrierung großer Bauteile mit Lasertrackern – Bestimmung der aufgabenspezifischen Messunsicherheit“), dass in einem Konsortium unter Leitung der Physikalisch-Technischen Bundesanstalt (PTB) bearbeitet wurde.

Introduction

Machine tools are the backbone of industrial production. Their flexibility allows the economic manufacturing of complex geometries with high precision. Driven by the continuous technological development and increasing decentralization, the trend to meet tighter tolerances and therefore enhance the precision of machine tools is ongoing [IMKA09; SCHM09a; KUNZ05].

Production metrology is a key technology to meet this challenge. In 1883 Lord Kelvin had already described metrology as a basis for progress: “If you cannot measure it, you cannot improve it.” Metrology makes a products deviations of its ideal geometry visible and therefore generates immediate knowledge about the production process [SCHM10; SCHM09b; SCHM09c].

There are two ways of increasing the precision of machine tools through metrology: The measurement of the manufactured product for the following product-specific correction of deviations and the calibration of the machine tool to correct errors independently of the manufactured product.

One parameter, which immediately affects the product quality, is the positioning error of machine tools due to imperfect geometry and dimensions of machine components, backlash and errors of the encoders. Today, the position accuracy of machine tools is primarily based on the quality of the mechanical components. Due to the high requirements on the position accuracy and the international competitive pressure, this approach hits technological and economic limits. A promising approach to economically increase the precision of machine tools is numerical compensation based on calibration, common in coordinate metrology. [SCHM09d; SART95]

The necessary condition for numerical compensation is a high repeatability of the machine tool. The sufficient condition is the availability of a calibration method, so that all relevant parameters can be measured fast and with high precision. An innovative method to measure the position error of machine tools is sequential multilateration using tracking-interferometers, already being successfully applied in the calibration of coordinate measuring machines [WEND03; WEND01; SCHW99a]. Tracking-interferometers are optic measurement systems, measuring relative length variations between a reflector and an interferometer according to the principle of interference. Once the reflector moves, the tracking-interferometer follows its movement and autonomously gears to the centre of the reflector. Sequential multilateration describes the measuring of length differences between an ideal and a real reflector position, while the reflector is moved along a predefined path. On the basis of these measurement results and a rigid body model of the calibrated kinematics, geometry errors can be computed using best-fit algorithms.

Within recent years, sequential multilateration has also been used in order to compensate, the geometric errors of machine tools and thus increase manufacturing accuracy. However, the effectiveness of the compensation concerning the increase of process capability and the economic benefit on production are so far uncertain.

As follows, the conditions for a successful machine tool calibration (chapter 5, 6 and 7) as well as the contribution of error compensation to an increased manufacturing quality and the economical benefit of compensation (chapter 8) are evaluated in this thesis. This evaluation focuses on the following research question:

> *Does the calibration of machine tools by sequential multilateration and the compensation of geometrical errors contribute significantly to a higher manufacturing precision of machine tools and therefore to a higher efficiency of production?*

The pre-condition for using tracking-interferometers to calibrate machine tools is the traceability of length measurements to the national length standard as well as a sufficiently low measurement uncertainty in relation to the systematic machine tool errors. [KNAPP02; ISO230-1] In order to evaluate the capability of the measurement system, it is necessary to estimate its measurement uncertainty in advance. Furthermore, the length measurements of the tracking-interferometer are used to calculate the geometrical errors by solving an over constrained equation system. In consequence, the knowledge about the measurement uncertainty can be used for weighting the results and thereby increase the accuracy of the calculated geometrical errors. However, the uncertainty of relative length measurements cannot yet be estimated exactly for all available designs of tracking-interferometers.

In chapter 5 a detailed metrological model of the calibration method and available tracking-interferometers will be developed, which enables an automatic computation of measurement uncertainties for each length measurement, leading to the following research question:

> *Is it possible to estimate the uncertainty of relative length measurements of tracking-interferometers for the calibration of machine tools according to the principle of sequential multilateration?*

The procedure of sequential multilateration with tracking-interferometers has been limited to the calibration of linear axes so far. Nevertheless, many modern machine tools are equipped with additional rotary axes, whose geometric errors have a significant influence on the manufacturing result. In chapter 6 an enhancement of the sequential multilateration for the calibration of rotation axes is introduced and validated through a comparative measurement. The research question can be derived from the demand for a complete calibration of all geometrical errors with a sufficiently low measurement uncertainty:

> *Is it possible to calibrate all geometrical errors of machine tool rotary axes with a sufficiently low measurement uncertainty by the use of tracking-interferometers?*

An additional requirement to the calibration of machine tools is a rapid measurement process, since the duration of the measuring process immediately leads to downtimes in production. In the sequential multilateration with tracking-interferometers a significant amount of measuring time results from the fact that the machine has to stop at each measurement point. Therefore, a method for continuous measurement on-the-flight is introduced in chapter 7. The research question results from the requirements of time saving and from the requirement to retain the low measurement uncertainty of the static measurement:

> *Is it possible to reduce the measurement time of machine tool calibration with tracking-interferometers by continuous measurement on-the-flight, keeping a sufficiently low measurement uncertainty*

The results of this thesis are to a great extent based on two research projects, the project PK-Mult ("Parametric calibration of tool machines with up to five axes through multilateration"), that has been conducted in cooperation with the company Etalon and was funded by the Federal Ministry of Economics and Technology, as well as the project LaserTrace ("Calibration of big devices with lasertrackers – Determination of task-specific measurement uncertainties"), which was processed in a consortium under the direction of the German national metrology institute (Physikalisch-Technische Bundesanstalt, PTB)

2 Forschungsmethodik und Aufbau der Arbeit

Die Erkenntnis beginnt nach POPPER nicht mit Wahrnehmungen oder Beobachtungen oder der Sammlung von Daten oder von Tatsachen, sondern sie beginnt mit Problemen [POPP93]. Der Ausgangspunkt der vorliegenden Arbeit ist ein Problem aus der industriellen Praxis. Die Arbeit kann daher der angewandten Forschung nach ULRICH zugeordnet werden [ULRI81]. Entsprechend basiert die Formulierung der Forschungsfrage auf einem Induktionsschluss von dem spezifischen Problem zu der allgemeinen Praxisrelevanz und den Motivatoren zur Lösung des Problems. Ausgehend von der Herleitung der Forschungsfrage wird im Folgenden dargestellt, wie die oftmals komplexen Systeme der Praxis in einem Modell beschrieben werden können. Die Beantwortung der Forschungsfrage erfolgt nach dem Falsifikationsprinzip durch die Widerlegung einer negierten Hypothese an einem oder mehreren Forschungsobjekten. Diese stehen repräsentativ für eine ganze Klasse von Objekten, die für die Praxis große Relevanz besitzen.

2.1 Formulierung der Forschungsfrage

Die der vorliegenden Arbeit zugrunde liegende Problemstellung ist die Abweichung eines Produkts von seiner intendierten Geometrie aufgrund von Positionierungsfehlern der bearbeitenden Werkzeugmaschine. Ausgehend von diesem Problem wird anhand der aktuellen Literatur geprüft, ob dieses für die industrielle Praxis von übergeordneter Relevanz ist und ob es Motivatoren gibt, dieses Problem zu lösen. Fällt dieser Induktionsschluss positiv aus, ist die notwendige Bedingung für die weitere Untersuchung der Problemstellung gegeben.

Es folgt die Definition des heuristischen Bezugsrahmens. Die Heuristik (altgriechisch für 'finden', 'auffinden', 'entdecken') bezeichnet die Fähigkeit der Problemstrukturierung und -abgrenzung mit dem Ziel der Komplexitätsreduktion und der Ableitung einer Forschungsfrage. Die Aussagen des heuristischen Bezugsrahmens erfüllen meist nicht die strengen Anforderungen an ein Hypothesensystem und werden daher auch als provisorische Erklärungsmodelle bezeichnet [KUBI77].

In der vorliegenden Arbeit wird das Problem der Geometrieabweichungen von Produkten, die auf einer Werkzeugmaschine bearbeitet werden, auf Basis der Angaben aus der Literatur in Teilprobleme untergliedert. Es wird beschrieben, welche Lösungsansätze nach dem aktuellen Stand der Technik exisiteren und welche technologischen und wirtschaftlichen Anforderungen diese in der Praxis erfüllen müssen. Erst die Differenz zwischen den Anforderungen der Praxis und den verfügbaren Lösungsansätzen bildet die hinreichende Voraussetzung für die Entwicklung neuer oder die Weiterentwicklung bestehender Lösungen. Die Überprüfung, ob diese neuen Ansätze wiederum den Anforderungen aus der Praxis genügen, führt zur Formulierung der Forschungsfrage. Während der Ausgangspunkt der Forschungsfrage demnach auf einem Induktionsschluss beruht, wird diese wiederum deduktiv von den Motivatoren über die Anforderungen der Praxis bis zu den Defiziten bestehender Lösungsansätze abgeleitet.

2.2 Modellierung des untersuchten Systems

Das Forschungsobjekt der angewandten Wissenschaften ist in der Regel ein komplexes Systems. Diese Komplexität resultiert aus der Vielzahl von Zuständen, die das System annehmen kann. Da sich komplexe Systeme einer vollständigen Beschreibung entziehen, sind diese nicht vollständig beherrschbar [ULRI81]. So gibt es vielfältige Ursachen für die Geometrieabweichungen von Werkzeugmaschinen oder die Unsicherheit der Messung dieser Abweichungen, die nicht komplett beschrieben werden können. Dennoch soll es die Wissenschaft ermöglichen, den Zustand des Systems unter definierten Randbedingungen vorherzusagen.

Dies gelingt durch eine gezielte Reduktion der Realität in einem Modell. Das Modell beschreibt die Attribute des Systems, die aus Sicht des Modellierenden relevant erscheinen und ist auf einen definierten Anwendungsfall beschränkt [STAC80]. In der vorliegenden Arbeit wird in Kapitel 4 ein Modell für die Geometrieabweichungen von Werkzeugmaschinen vorgestellt und in Kapitel 5 ein Modell des Kalibrierprozesses mit Tracking-Interferometern entwickelt.

Bereits bei der Modellierung kann es zu Fehlern oder unzulässigen Vereinfachungen kommen, die dazu führen, dass das Systemverhalten nicht vollständig vorhergesagt werden kann. Die Gültigkeit eines Modells kann auch nicht endgültig bewiesen werden, da immer ein Systemzustand denkbar bleibt, für den das Modell keine Gültigkeit besitzt [SCHN99] S. 59. Es bleibt aber die Möglichkeit, die Vorhersagequalität des Modells für einen spezifischen Anwendungsfall zu validieren (vgl. Abschnitt 2.4). Diese Validierung ist daher ein Teil zur Bewertung des Modells von Tracking-Interferometern in Kapitel 5 sowie bei der Weiterentwicklung des Kalibrierverfahrens in den Kapiteln 6 und 7. Das Geometriemodell der Werkzeugmaschine aus Kapitel 4 ist ausführlich in der Literatur beschrieben und wird daher im Folgenden nicht erneut validiert [ISO230-1; ISO230-7].

Die Realisierung des Modells und seine Bewertung erfolgt iterativ in vier Schritten. Ausgehend von dem heuristischen Bezugsrahmen werden ein Beschreibungs-, ein Erklärungs-, ein Gestaltungs- und schließlich ein Entscheidungsmodell abgeleitet. Das Beschreibungsmodell definiert sämtliche Einflussgrößen, die für das System aus Sicht des Modellentwicklers relevant erscheinen. Um diesen Prozess zu systematisieren werden alle Größen, die einen Einfluss auf das Kalibrierverfahren haben, in einem Ishikawa-Diagramm aufgetragen, dass von Kaoru Ishikawa bereits in den vierziger Jahren als eine Methode zur übersichtlichen Darstellung von Ursache-Wirkungs-Zusammenhängen im Rahmen des Qualitätsmanagements genutzt wurde [ISHI97].

Das Erklärungsmodell beschreibt physikalisch und mathematisch die Wirkzusammenhänge zwischen den Eingangsgrößen und dem Kalibrierergebnis. Das Erklärungsmodell erlaubt somit bereits die Abschätzung der Relevanz, die einzelne Einflussgrößen auf das Ergebnis haben werden und die Identifikation von Defiziten des intendierten Systemverhaltens. Die mathematische Beschreibung des metrologischen Modells von Tracking-Interferometern und des Kalibrierverfahrens wird ausführlich in Kapitel 5 beschrieben.

Das Gestaltungsmodell beantwortet die Frage, wie das Systemverhalten im Sinne bestehender Defizite positiv beeinflusst werden kann. Es erlaubt auch den Einsatz neuer Systemkomponenten und ermöglicht somit die gezielte Entwicklung von neuen oder die Weiterentwicklung bestehender Lösungsansätze. Das Erklärungsmodell aus Kapitel 5 wird in den Kapiteln 6 „Kalibrierung von Rotationsachsen" und 7 „Kontinuierliche Kalibrierung" um neue Systemkomponenten ergänzt. Deren Einfluss auf das Systemverhalten wird im Erklärungsmodell ergänzt und validiert.

Das Entscheidungsmodell liefert schließlich ein Verfahren, dass es erlaubt, das Modell inklusive der Systemerweiterungen zu bewerten. Durch einen Test des Systems unter definierten Randbedingungen wird nachgewiesen, ob sich das Systemverhalten vorhersagen lässt und im Sinne des Anwenders aus der Praxis bestehende Defizite eliminiert oder in Ihrer Auswirkung reduziert werden können. Diese letzte Modellstufe ermöglicht somit die Entscheidung, ob und unter welchen Voraussetzungen das System in der Praxis eingesetzt werden kann.

2.3 Auswahl eines Untersuchungsobjekts

Die Beantwortung der Forschungsfrage bedingt Untersuchungen an einem oder mehreren Untersuchungsobjekten. Diese stehen repräsentativ für das modellierte System. Dabei ist es im Sinne der angewandten Forschung, dass die Ergebnisse der Untersuchungen auf eine möglichst große Klasse von Objekten in der Praxis übertragen werden können. Es gilt demnach, Untersuchungen an Werkzeugmaschinen durchzuführen, die im industriellen Einsatz weit verbreitet sind und deren Kalibrierung dem Anwender einen größtmöglichen Mehrwert bringt.

Die Werkzeugmaschine existiert in verschiedensten Ausprägungen. Entscheidend für die folgenden Untersuchungen sind die Kinematik, das Arbeitsvolumen, die Steuerung sowie die Wiederholbarkeit und die systematischen Geometriefehler der Werkzeugmaschine. Den meisten Werkzeugmaschinen gemein ist, dass diese ein dreidimensionales, kartesisches Koordinatensystem aufspannen in dem das Werkzeug und das Werkstück relativ zueinander bewegt werden, unabhängig von der Kinematik, mittels derer die Bewegung realisiert wird. In vielen Fällen werden diese Freiheitsgrade durch ein bis zwei zusätzliche Rotationsachsen ergänzt, mit denen die Orientierung des Werkstücks oder des Werkzeugs manipuliert werden können [GRUN05]. In der vorliegenden Arbeit wird daher eine Werkzeugmaschine mit drei Linearachsen und zwei zusätzlichen Drehachsen für die Untersuchungen gewählt.

Die Linearachsen von Werkzeugmaschinen erreichen Längen zwischen wenigen Zentimetern in der Ultrapräzisionstechnik bis hin zu mehreren dutzend Metern wie z.B. in der Luft- und Raumfahrt. Explizit ausgeklammert werden in der vorliegenden Arbeit Maschinen der Ultrapräzisionstechnik, da deren Geometrieabweichungen meist zu gering sind, um diese mittels Tracking-Interferometern kalibrieren zu können. Der Anteil der Geometrieabweichungen am Produktionsergebnis steigt in der Regel mit zunehmendem Arbeitsvolumen der Werkzeugmaschine an. Gelingt es, die Prozessfähigkeit einer relativ kleinen Werkzeugmaschine durch die Kompensation von Geometriefehlern signifikant zu steigern, kann davon ausgegangen werden, dass die Ergebnisse bei größerem Arbeitsvolumen noch deutlicher bestätigt werden können. Die Untersuchungen werden daher an Werkzeugmaschinen mit einem Arbeitsvolumen von weniger als einem Kubikmeter und einer maximalen Achslänge von einem Meter durchgeführt.

Ein weiteres Differenzierungsmerkmal von Werkzeugmaschinen ist die Steuerung. Einer Studie der Zeitschrift Maschinenmarkt zeigt, welche Steuerungen im industriellen Umfeld am weitesten verbreitet sind; Steuerungen der Firma Heidenhain (ca. 40% Marktanteil), Siemens (ca. 30%), Fanuc (ca. 10%) [STRU07]. Alle drei Hersteller bieten mittlerweile die Möglichkeit zur Kompensation der geometrischen Fehlerparameter [BRET09; GÜNT09; WARN09]. Entsprechend können die Untersuchungen an Maschinen mit einer dieser drei Steuerungen durchgeführt werden.

Der Anteil der zufälligen und der systematischen Geometriefehler ist abhängig von einer Vielzahl von Einflussgrößen. Entscheidend für die Kalibrierung ist, dass die systematischen Fehler im Verhältnis zu den zufälligen Fehlern der Werkzeugmaschine hinreichend groß sind, um diese mit den Tracking-Interferometern messen und sicher kompensieren zu können. Um sicherzustellen, dass die Werkzeugmaschine diese Anforderungen erfüllt, können Abnahmeprotokolle herangezogen oder ein einfacher Test der Positionsabweichung mit einem Tracking-Interferometer durchgeführt werden (vgl. Abschnitt 7.4.2).

4-Achs-Bearbeitungszentrum DBF 630	
Achse	Verfahrbereich
X	-425 bis 425 mm
Y	0 bis 700 mm
Z	0 bis 800 mm
B	0 bis 360 Grad

Bild 2.1: 4-Achs-Bearbeitungszentrum der Firma Dörries Scharmann (DBF 630)

In der vorliegenden Arbeit werden die Untersuchungen an zwei Werkzeugmaschinen beschrieben. Die Messungen zur Rotationsachse wurden an einer DBF 630 der Dörries Scharmann Technologie GmbH durchgeführt (Bild 2.1), deren großes Arbeitsvolumen und die Anordnung der Achsen sich positiv auf die Unsicherheit des Kalibrierprozesses auswirken und sich daher gut für die Validierung des Kalibrierverfahrens eignet. Die Untersuchungen zur kontinuierlichen Kalibrierung wurden an einer C800 U der Maschinenfabrik Berthold Hermle AG durchgeführt (Bild 2.2), die über eine einfache Möglichkeit zum Abgriff der Positionssignale verfügt und sich somit gut für die Untersuchungen zur Synchronisation des Messsystems mit der Werkzeugmaschine eignet.

Die Kinematik, das Arbeitsvolumen und die maximalen Verfahrgeschwindigkeiten der DBF 630 können dem Bild 2.1 entnommen werden. Die Werkzeugmaschine verfügt über eine Siemens Sinumerik 840d Steuerung. Die Drehachse verfügt über ein direktes Rundmesssystem und eine Axial-Radial-Wälzlagerung. Im Stillstand wird die Rotationsachse über ein Hydrauliksystem geklemmt.

Die Hermle C800 U verfügt ebenfalls über eine Siemens Sinumerik 840d Steuerung. Die Positionierung des Werkzeugs erfolgt mittels eines Kugelgewindetriebs. Die Kugelgewindespindel dient dabei gleichzeitig als Antrieb und als Maßverkörperung für die Lageregelung. Die Positionsmessung basiert auf der Messung der Spindeldrehung mittels eines Drehgebers und der Umrechnung des Messwerts auf eine Linearbewegung über die konstante Spindelsteigung.

5-Achs-Bearbeitungszentrum Hermle C 800 U	
Achse	Verfahrbereich
X	0 bis 800 mm
Y	0 bis 600 mm
Z	0 bis 500 mm
A	-90 bis 20 Grad
C	0 bis 360 Grad

Bild 2.2: 5-Achs-Bearbeitungszentrum der Firma Hermle (C 800 U)

Neben der Art der Werkzeugmaschine haben die Bearbeitungsaufgabe und die Umgebungsbedingungen im industriellen Umfeld einen entscheidenden Einfluss auf die Beantwortung nach der Effektivität und der Effizienz der Kalibrierung (vgl. Kapitel 8). Der dominierende Einfluss auf die Stabilität der Geometrieabweichungen von Werkzeugmaschinen ist die Temperatur. Trotz deren Relevanz ist die Fertigungsumgebung in der industriellen Praxis nur in wenigen Fällen temperiert. Entsprechend werden die Versuche zur Effektivität der Kompensation bei schwankenden Umgebungstemperaturen durchgeführt und der Einfluss der Temperatur in separaten Untersuchungen quantifiziert.

Um deren Einfluss abschätzen zu können, wird die Umgebungstemperatur kontinuierlich mit acht Lufttemperatursensoren überwacht, die rund um die Werkzeugmaschine in verschiedenen Höhen angeordnet sind. Den Temperaturverlauf über mehrere Monate zeigt Bild 2.3 (oben) im Vergleich zur Umgebungstemperatur, gemessen an einer Wetterstation des Deutschen Wetterdienstes (DWD) in geringer Entfernung zur Produktionshalle. Es zeigt sich, dass die Temperaturschwankungen durch die Produktionshalle gedämpft werden und die Temperaturkurve nach oben verschoben ist. Die Durchschnittstemperatur beträgt in der Umgebung der Werkzeugmaschine ca. 21°C.

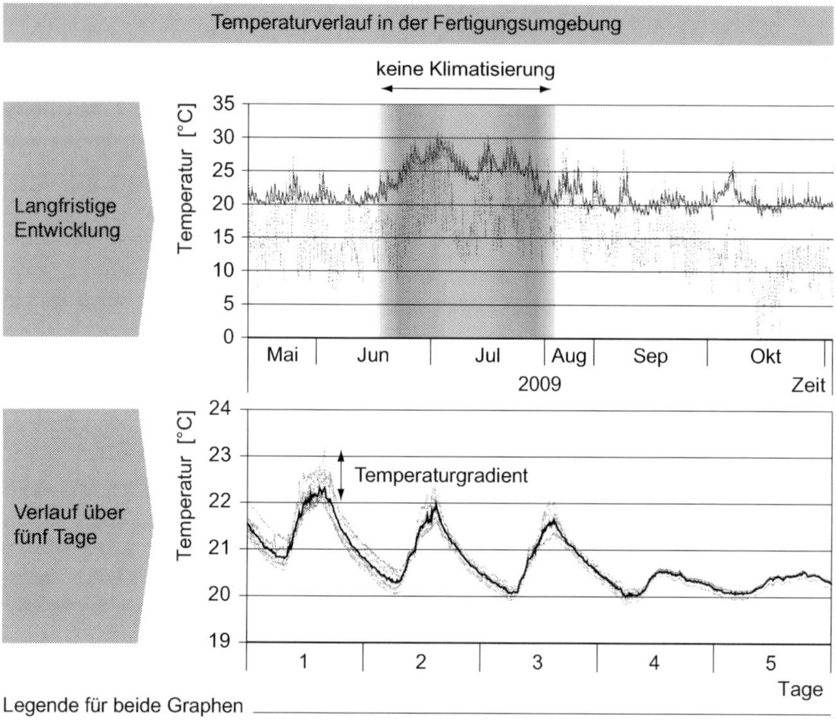

Legende für beide Graphen

- Gemessenen Temperaturen in der Umgebung der Werkzeugmaschine (8 Sensoren) (Geographische Breite: 50° 47' 02" N, geographische Länge: 06° 02' 49" E)
- Mittelwert der gemessenen Temperaturen in der Umgebung der Werkzeugmaschine
- Gemessenen Temperaturen an der Wetterstation Hörn des deutschen Wetterdienstes (Geographische Breite: 50° 46' 43" N, geographische Länge: 6° 3' 35" E)

Bild 2.3: Temperaturverlauf in der Umgebung der untersuchten Werkzeugmaschine

Bereits die mittlere Temperatur führt unmittelbar zu einem systematischen Produktionsfehler, da sich sämtliche Zeichnungsmaße auf eine Referenztemperatur von 20°C beziehen. Zusätzlich schwankt die Temperatur während eines Tages um ca. ± 2,7 °C. Die resultierende Längendehnung an der Maschine oder dem Bauteil wird nicht kompensiert. Entsprechend gehen diese als zusätzliche Abweichungen direkt in das Produktionsergebnis ein. Da in vielen Produktionsbetrieben die Umgebungstemperatur nicht geregelt wird, wurde zusätzlich die Temperatur von Juni bis zum Juli 2009 bei abgeschalteter Klimaanlage aufgenommen. Während dieser Zeit steigen die systematischen und die zufälligen Abweichung von der Referenztemperatur deutlich an und erschweren somit zusätzlich eine stabile Kompensation der Geometriefehler. Bild 2.3 (unten) zeigt den Temperaturverlauf über fünf Tage. An diesem Ausschnitt ist zu erkennen, dass es neben dem zeitlichen Einfluss noch räumliche Temperaturgradienten gibt. Die Temperatur in zwei Metern Höhe liegt im Durchschnitt ca. 1° über der Temperatur auf Bodenniveau und führt zu zusätzlichen, zufälligen Abweichungen des Bauteils von seiner intendierten Geometrie.

Diese Ausführungen zu den Umgebungsbedingungen und dem Versuchsobjekt zeigen einerseits die Komplexität des Systems, welches im Rahmen der vorliegenden Arbeit untersucht wird und gleichzeitig, dass die Validierung der Forschungsfrage immer im Zusammenhang zu den Randbedingungen zu verstehen ist. Es ist erforderlich, diese zu dokumentieren und deren Übertragbarkeit auf das modellierte System zu bewerten.

2.4 Beantwortung der Forschungsfrage und Beratung der Praxis

Die Beantwortung der Forschungsfrage erfolgt auf Basis der Untersuchungen an dem Forschungsobjekt nach dem Falsifikationsprinzip. Ein induktiver Schluss von einem Einzelereignis auf eine allgemeingültige Aussage ist nach dem wissenschaftstheoretischen Ansatz von POPPER nicht zulässig, da nicht endgültig beweisbar ist, dass das Ergebnis unter allen vorstellbaren Randbedingungen und für immer Gültigkeit besitzt. [KEUT07 S. 25 ff.] Um die Forschungsfrage dennoch beantworten zu können, wird die Hypothese so formuliert, dass diese durch einen Versuch widerlegt werden kann. Durch das Widerlegen der sogenannten 0-Hypothese kann eindeutig bewiesen werden, dass die Forschungsfrage unter den gegebenen Versuchsbedingungen positiv beantwortet werden kann. Das Falsifikationsprinzip ist somit die wissenschaftstheoretische Grundlage jeglichen Erkenntniszuwachses. [SCHN99 S. 59]

Über den reinen Erkenntnisgewinn hinaus strebt die angewandte Wissenschaft nach praktisch nützlichem Wissen [ULRI81]. In Kapitel 9 „Zusammenfassung und Ausblick" werden daher die Erkenntnisse der vorliegenden Arbeit bewertet und für den praktischen Einsatz beim Werkzeugmaschinenhersteller sowie den Anwender von Werkzeugmaschinen aufbereitet. Im Ausblick werden zukünftige Einsatzmöglichkeiten und Forschungsfelder aufgezeigt.

3 Die Werkzeugmaschine – Rückgrad der industriellen Produktion

Die Werkzeugmaschine bildet das Rückgrad der industriellen Produktion und besitzt in Deutschland traditionell einen hohen Stellenwert. Die „Weltstatistik Werkzeugmaschinen" des Vereins Deutscher Werkzeugmaschinenfabriken (VDW) erfasst für das Jahr 2008 eine Welt-Produktion von Werkzeugmaschinen im Wert von über 50 Milliarden Euro (Bild 3.1). Der Anteil Deutschlands beträgt mit 10,7 Milliarden Euro im Jahr 2008 ca. 20 Prozent des Weltmarkts. Deutschland ist somit neben Japan der wichtigste Hersteller von Werkzeugmaschinen weltweit. Auch wenn die weltweite Produktion durch die globale Finanz- und Wirtschaftskrise in den Jahren 2009 und 2010 rückläufig ist, wird die Produktion von Werkzeugmaschinen langfristig eine wichtige Rolle für den Produktionsstandort Deutschland spielen. [VDW08]

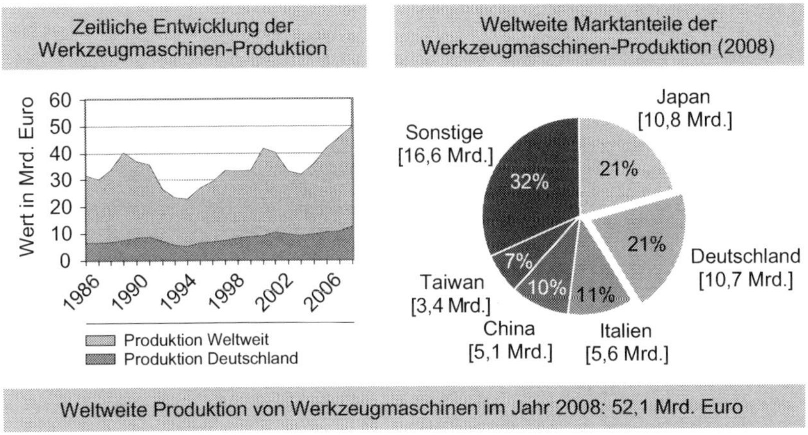

Bild 3.1: Bedeutung der Werkzeugmaschine für die industrielle Produktion in Deutschland [VDW08]

Die Flexibilität von Werkzeugmaschinen ermöglicht die wirtschaftliche Fertigung unterschiedlichster Produkte, ihre Präzision die Einhaltung enger Toleranzen. Maschinen mit drei bis fünf Achsen werden daher in den unterschiedlichsten Bereichen industrieller Produktion eingesetzt, von der Automobilindustrie und der Luft- und Raumfahrtindustrie über die Herstellung von Konsumgütern bis zur Medizintechnik. [SCHW08]

3.1 Der Bedarf nach steigender Präzision

Die Produktionstechnik ist seit Jahrhunderten durch einen anhaltenden Trend zu kleinen Toleranzen geprägt. [IMKA09; KUNZ05] Dieser Trend kann im Wesentlichen zwei treibenden Kräften zugeschrieben werden: der technologisch bedingten Notwendigkeit und der prozessbedingten Notwendigkeit, kleinere Toleranzen realisieren zu können. So wäre die Leistungssteigerung im Motorenbau ohne den technologischen Fortschritt in der Fertigungstechnik nicht realisierbar gewesen. Auf der anderen Seite ist die Fertigungstiefe in vielen Bereichen gesunken. Bauteile werden heute in global vernetzten Zulieferketten gefertigt. Je stärker die Vernetzung und je länger die Lieferkette, desto wichtiger wird die Einhaltung der Konstruktionsmerkmale für die Weiterverarbeitung oder Montage dieser Komponenten. Entsprechend sinken die Toleranzbereiche für jeden einzelnen Produktionsschritt.

Bild 3.2 zeigt die historische Entwicklung der Fertigungsgenauigkeit von Werkzeugmaschinen nach BRECHER und WECK [WECK05 S. 9]. Die rechte Seite des Bildes verdeutlicht, dass die Fertigungsgenauigkeit unter anderem von der Fertigungstechnologie abhängt. Darüber hinaus gibt es deutliche Unterschiede in der erreichbaren Genauigkeit in Abhängigkeit von der mechanischen Präzision der Werkzeugmaschine, der Steuerung, dem Arbeitsvolumen und der Bearbeitungsaufgabe. Die Entwicklung vollzieht sich daher in einem Kontinuum, beginnend bei Bohrmaschinen, über die Fräs- und Schleifmaschine bis hin zur Ultrapräzisionstechnik.

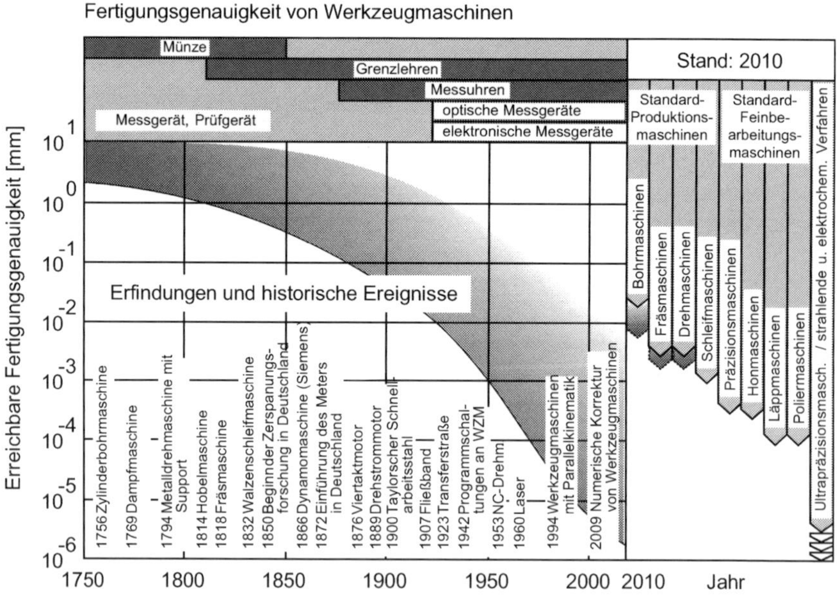

Bild 3.2: Historische Entwicklung der Fertigungsgenauigkeit von Werkzeugmaschinen (in Anlehnung an [WECK05])

Auf der Zeitachse in Bild 3.2 sind wichtige Neuerungen aufgetragen, die dazu beigetragen haben, die Fertigungsgenauigkeit von Werkzeugmaschinen zu steigern. Eine aktuelle Entwicklung ist die numerische Korrektur der geometrischen Abweichungen in der Maschinensteuerung, deren Effektivität und Effizienz in der vorliegenden Arbeit untersucht wird [SCHM09d, SCHW09a].

3.2 Ressourceneffiziente Steigerung der Produkt- und Prozessqualität

Eine unmittelbare Voraussetzung für die Steigerung der Präzision in der Produktionstechnik ist die Fertigungsmesstechnik. Durch das Messen des Bauteils oder der Geometriefehler der Produktionsmittel kann die Abweichung von der idealen Geometrie quantifiziert werden. Diesen Zusammenhang hat Lord Kelvin bereits 1883 als eine Grundlage des Fortschritt beschrieben: „If you can not measure it, you can not improve it.“ Die Messtechnik kann einen entscheidenden Beitrag dazu leisten, die Fertigungsgenauigkeit von Werkzeugmaschinen zu steigern.

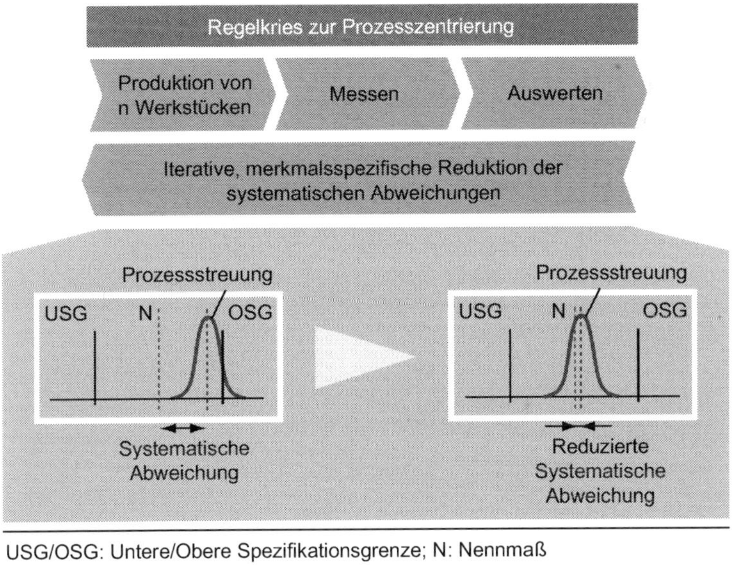

Bild 3.3: Indirekte Untersuchung und Korrektur der Werkzeugmaschine über die Messung der gefertigten Bauteile

Dabei lassen sich zwei Möglichkeiten zur Steigerung der Fertigungsgenauigkeit ableiten; die indirekte Prozessverbesserung durch die Messung von Merkmalen an den gefertigten Produkten und die anschließende Prozessoptimierung in einem Regelkreis (Bild 3.3) sowie die direkte Prozessverbesserung durch die Messung von Abweichungen der Werkzeugmaschine, deren allgemeingültige Kompensation und die damit verbundene Zentrierung des Prozesses (Bild 3.4) [KUNZ05; SART95].

Die indirekte Steigerung der Prozessqualität kann durch einen einfachen Regelkreis beschrieben werden. Nach der Fertigung mehrerer Bauteile werden die relevanten

Merkmale gemessen und Korrekturwerte abgeleitet, die zu einer Zentrierung des Prozesses führen. Diese Methode ist aufgabenspezifisch und muss für verschiedene Bauteile wiederholt werden. Zudem fließt in die Beurteilung des Bauteils die Unsicherheit der Geometriemessung ein. Die direkte Steigerung der Produktqualität basiert auf einer Messung der Abweichungen des Produktionsmittels und der anschließenden Kompensation (Bild 3.4). Die Kompensation führt zu einer allgemeingültigen Zentrierung des Prozesses, unabhängig von dem gefertigten Bauteil.

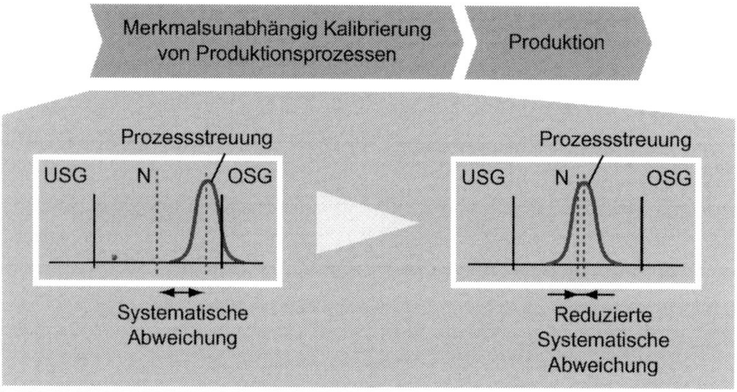

USG/OSG: Untere/Obere Spezifikationsgrenze; N: Nennmaß

Bild 3.4: Direkte Steigerung der Produktqualität durch eine Messung der Positionsabweichung und die anschließende Korrektur

Aufgrund kürzerer Produktlebenszyklen und kleinerer Losgrößen nimmt die Bedeutung der Prozessfähigkeit zu. Iterative Anpassungsprozesse stehen einer Verkürzung der Anlaufzeiten und somit einer Steigerung der Ressourceneffizienz entgegen. [SCHW08]. Im Rahmen der vorliegenden Arbeit wird daher die Effektivität und die Effizienz der Kompensation geometrischer Abweichungen der Werkzeugmaschine untersucht und bewertet.

4 Kalibrierung von Werkzeugmaschinen

Die wichtigsten Einflussgrößen, die sich unmittelbar auf die Geometrie des gefertigten Produkts auswirken, sind geometrische Abweichungen der Führungen, Schnittkräfte sowie thermisch und dynamisch bedingte Kräfte [KNAP09; SCHW08; WECK06 S. 84; SART95; KNAP83]. Der Fokus der vorliegenden Arbeit liegt auf der Kalibrierung und der Korrektur geometrisch bedingter Abweichungen, die unter Schlichtbedingungen in einer temperaturstabilisierten Umgebung – also auch bei der Reduzierung kraftbedingter Abweichungen – noch unmittelbar zu einer Abweichung des Produkts von seiner Sollgeometrie führen.

Die Kompensation geometrischer Abweichungen der Werkzeugmaschine basiert auf der Messung der Differenz zwischen der Soll- und der Ist-Position und -Lage des Werkzeugs. Diese Abweichungs-Messung wird nach dem Internationalen Wörterbuch der Metrologie (VIM: International Vocabulary of Metrology) als Kalibrierung bezeichnet [VIM07].

Die Kalibrierung geometrischer Abweichungen basiert nach dem aktuellen Stand der Normen und Richtlinien auf einem vereinfachten Modell der Maschinenkinematik. In diesem Modell besitzt jede Linear- und Rotationsachse einer Werkzeugmaschine sechs Freiheitsgrade, die als positionsabhängige Fehlerparameter oder Komponentenabweichungen interpretiert werden. Die Orientierung und die Position der Achsen zueinander führen zu 11 weiteren Freiheitsgraden des Modells, den Lageabweichungen, so dass eine 5-Achs-Werkzeugmaschine mit drei Linear- und zwei Rotationsachsen durch 41 Fehlerparameter vollständig beschrieben werden kann. [BRIN08; SCHW08; ISO230-7; ISO230-1; SART95]

Für die Kalibrierung steht heute eine große Anzahl verschiedene Messsysteme zur Verfügung, wie Geometrienormale, Laserinterferometer, Tooling-Laser, Autokollimatoren und elektronische Neigungssensoren, die im Folgenden detailliert vorgestellt werden. Diese Systeme müssen hohen Anforderungen in Bezug auf ihre Messunsicherheit und Effizienz genügen. Viele konventionelle Kalibrierverfahren sind allerdings sehr aufwändig. Lange Messzeiten führen zu teuren Stillstandszeiten an der Werkzeugmaschine. Bis vor einigen Jahren wurden die konventionellen Verfahren daher vornehmlich zur Prüfung von Werkzeugmaschinen im Rahmen einer Maschinenabnahme eingesetzt. Eine vollständige Kalibrierung und die numerische Korrektur der geometrischen Fehlerparameter erfolgt in erster Linie bei Koordinatenmessgeräten, die oftmals höheren Anforderungen an die Unsicherheit genügen müssen und deren Kalibrierung geringere Stillstandskosten verursacht als die Kalibrierung von Werkzeugmaschinen. [SCHW08; SART95]

Eine vielversprechende Technologie, die bereits seit einigen Jahren zur Kalibrierung von Werkzeugmaschinen und Koordinatenmessgeräten eingesetzt wird, ist der Einsatz von Tracking-Interferometern in Kombination mit dem Verfahren der sequentiellen Multilateration [SCHM09d, SCHW09a; SCHM08a; SCHW06; SCHW05; LIN05; SCHW04; WEND03; WEND01; SCHW99a].

Im Folgenden werden die Einflussgrößen auf die Fertigungsgenauigkeit von Werkzeugmaschinen vorgestellt und der Fokus der Arbeit auf die Untersuchung der geometrischen Abweichungen eingegrenzt. Die geometrischen Abweichungen können gemäß des ISO-Standards 230 modelliert werden. Es werden die konventionellen Verfahren zur Kalibrierung von Geometrieabweichungen vorgestellt, bewertet und das innovative Verfahren der Kalibrierung mit Tracking-Interferometern eingeführt. Das Potential dieses Verfahrens ist noch nicht ausgeschöpft und bietet somit die Grundlage für die weiterführenden Forschungsaktivitäten, die in den Kapiteln 6 und 7 beschrieben werden. Die Grundlage für die Weiterentwicklung ist die Modellierung des Kalibrierverfahrens und der eingesetzten Tracking-Interferometer in Kapitel 5.

4.1 Fertigungsgenauigkeit von Werkzeugmaschinen

Die Fertigungsgenauigkeit von Werkzeugmaschinen hängt von einer Vielzahl von Einflussgrößen ab. Einflussgrößen, die einen unmittelbaren Einfluss auf die Geometrie des gefertigten Produkts haben, sind [WECK06 S. 83]

- die Abweichung des Werkzeugs von der Sollgeometrie,
- verfahrensbedingte Fehler wie z.B. Spanbildungsprozesse,
- elastische Verformungen des Werkzeugs oder des Werkstücks sowie
- Abweichungen von der intendierten Relativbewegung zwischen Werkzeug und Werkstück

Im Rahmen dieser Arbeit werden nur die zuletzt genannten Abweichungen aufgrund von Relativbewegungen zwischen dem Werkzeug und dem Werkstück betrachtet, da diese der Werkzeugmaschine zugeordnet und somit aufgabenunabhängig kompensiert werden können. Die Abweichungen von der intendierten Position und Lage des Werkzeugs können wiederum nach ihrer Ursache in

- geometrische Abweichungen,
- thermisch bedingte Deformation,
- lastbedingte Deformation,
- dynamische Kräfte sowie
- Schnittkräfte

kategorisiert werden [SCHW08; WECK06 S. 84; SART95; KNAP83]. Der Anteil dieser Einflussgrößen an der geometrischen Abweichung des gefertigten Produkts ist abhängig von den Randbedingungen in der Produktion und kann durch verschiedene Maßnahmen gezielt reduziert werden. Um eine hohe Fertigungsgenauigkeit zu erzielen wird in der Regel der letzte Bearbeitungsschritt an einem Werkstück unter Schlichtbedingungen durchgeführt. Unter diesen Bedingungen können dynamische Kräfte, Schnittkräfte und die Einbringung von Temperaturgradienten in das Werkstück minimiert werden. Die thermische Deformation der Werkzeugmaschine kann durch die Kompensation der Temperaturdehnung oder eine temperaturstabilisierte Umgebung reduziert werden.

Die geometrischen Abweichungen der Maschinenkinematik wurden in der Vergangenheit vor allem durch eine erhöhte mechanische Präzision der Maschinensubsysteme, wie den Spindeln, den Führungen und den Antriebssystemen, minimiert [SART95]. Dieses Verfahren stößt insbesondere bei größeren Werkzeugmaschinen schnell an technologische und wirtschaftliche Grenzen. Ein Hinderungsgrund für die numerische Kompensation ist, dass die Fehlerparameter mit den konventionellen Kalibrierverfahren nicht mit hinreichend geringer Unsicherheit, Messpunktdichte und nur mit großem Aufwand gemessen werden können. Ein innovatives Verfahren, das das Potential besitzt, diese Anforderungen zu erfüllen, ist die sequentielle Multilateration mit Tracking-Interferometern.

4.2 Geometrische Fehlerparameter

Die geometrische Kalibrierung von Werkzeugmaschinen basiert auf einem Modell der Werkzeugmaschine. Jeder Linearachse werden sechs Freiheitsgrade, die sogenannten Komponentenabweichungen, zugeordnet: die Positionsabweichung, zwei Geradheitsabweichungen sowie die drei rotatorischen Abweichungen Stampfen, Gieren und Rollen. Abweichungen von der Rechtwinkligkeit der Achsen zueinander führen zu drei zusätzlichen Fehlerparametern, den Lageabweichungen. In Summe können die geometrischen Abweichungen einer Werkzeugmaschine mit drei Linearachsen gemäß Tabelle 4.1 durch 21 Fehlerparameter beschrieben werden.

Tabelle 4.1: Parameter zur vollständigen Beschreibung der Linearachsen

Achse	**Parameter**	**Freiheitsgrade**
Drei Linearachsen	Position	3
	Geradheit	6
	Stampfen, Gieren, Rollen	9
	Rechtwinkligkeit	(3)
	Fehlerparameter der Linerachsen	**21 (18)**

Die Abweichungen von der Rechtwinkligkeit der Achsen zueinander können auch als konstanter Anteil der rotatorischen Fehlerparameter interpretiert werden, so dass in diesem Fall die Geometriefehler bereits durch 18 Parameter vollständig beschrieben werden können. Die Werkzeugmaschine wird als Starrkörper modelliert. Diese Annahme erleichtert die Kalibrierung von Werkzeugmaschinen, da die Fehlerparameter als Funktionen einer Achsbewegung beschrieben werden können und somit unabhängig von der aktuellen Position der anderen Achsen sind. [ISO230-1; ISO230-7]

Bild 4.1 zeigt exemplarisch die Fehlerparameter einer z-Achse gemäß des Standards DIN ISO 230-1:1999. Diese setzen sich zusammen aus den zwei Geradheitsabweichungen EXZ und EYZ, der Positionsabweichung EZZ sowie den drei rotatorischen Abweichungen Stampfen (EAZ), Gieren (EBZ) und Rollen (ECZ). Abweichungen von der Rechtwinkligkeit der Achsen zueinander führen zu den drei Lageabweichungen COY, BOZ, AOZ.

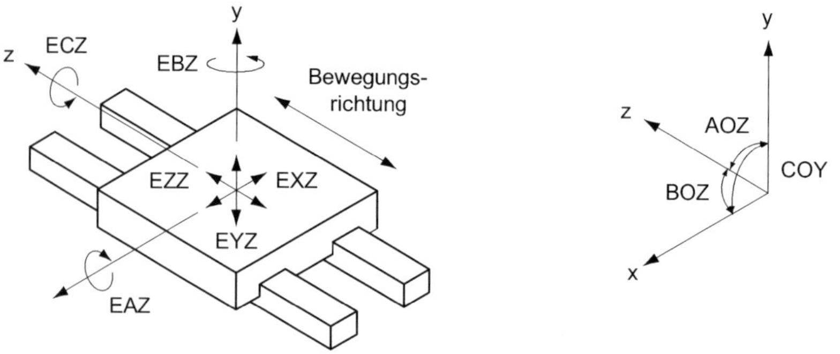

EXZ	Lineare Abweichung	EAZ	Stampfen	COY	Rechtwinkligkeit y zu x
EYZ	Lineare Abweichung	EBZ	Gieren	BOZ	Rechtwinkligkeit z zu x
EZZ	Positionsabweichung	ECZ	Rollen	AOZ	Rechtwinkligkeit z zu y

Bild 4.1: Abweichungsparameter einer Linearachse [ISO230-1]

Analog werden die Rotationsachsen von Werkzeugmaschinen gemäß des Standards ISO 230-7:2006 durch sechs Komponentenabweichungen beschrieben, die Radialbewegung EXC und EYC, die Axialbewegung EZC, die Taumelfehler EAC und EBC sowie den Positionsfehler ECC (Tabelle 4.2, Bild 4.2).

Tabelle 4.2: Parameter zur vollständigen Beschreibung einer Rotationsachse

Achse	Parameter	Freiheitsgrade
Rotationsachse	Radialbewegung	2
	Axialbewegung	1
	Taumeln	2
	Positionsfehler	1
	Position der Achse	2
	Rechtwinkligkeit	2
Fehlerparameter einer Rotationsachse		**10**

Zusätzlich zu den genannten Fehlern können die Lageabweichungen der Rotationsachse relativ zu den Linearachsen durch die Abweichung von der Rechtwinkligkeit AOC und BOC und die Abweichung der Achsposition in x und y beschrieben werden

(XOC und YOC). In Summe können die geometrischen Abweichungen einer Rotationsachse somit durch 10 Fehlerparameter beschrieben werden.

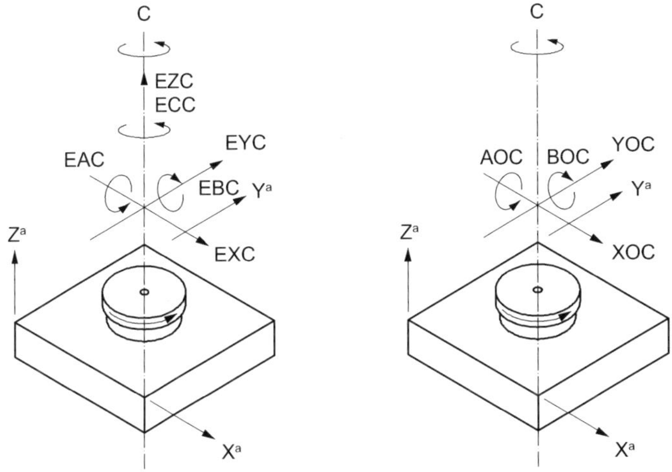

EXC	Radialbewegung in x-Richtung	XOC	x-Position der c-Achse
EYC	Radialbewegung in y-Richtung	YOC	y-Position der c-Achse
EZC	Axialbewegung	AOC	Rechtwinkligkeit der c-Achse zur y-Achse
EAC	Taumeln um die x-Achse	BOC	Rechtwinkligkeit der c-Achse zur x-Achse
EBC	Taumeln um die y-Achse		
ECC	Positionsfehler	a	Referenzachse

Bild 4.2: Abweichungsparameter einer Rotationsachse [ISO230-7]

Die komplette Kalibrierung aller Fehlerparameter einer Fünf-Achs-Werkzeugmaschine erfordert die Aufnahme von 41 Fehlerparametern. Unter der Annahme, dass die Rechtwinkligkeitsfehler der Linearachsen als konstanter Anteil der rotatorischen Abweichung interpretiert werden können, kann die Anzahl der Fehlerparameter zur vollständigen Beschreibung der Werkzeugmaschine auf 38 Parameter reduziert werden.

4.3 Geometrische Kalibrierverfahren

Die Anforderungen an die Unsicherheit und die Effizienz der Kalibrierverfahren sind hoch. Die Geometriefehler der Werkzeugmaschine müssen vollständig, im gesamten Arbeitsvolumen, mit geringer Messunsicherheit und hoher Messpunktdichte aufgenommen werden. Neben diesen technologischen Anforderungen muss das Verfahren auch wirtschaftlichen Anforderungen genügen. So sollte das Kalibrierverfahren selbst keinen großen Aufwand verursachen und eine schnelle Aufnahme der Messdaten gewährleisten, da durch die Messung teure Stillstandszeiten der Werkzeugmaschine verursacht werden. [SCHW08; SART95; BRIN08]

Tabelle 4.3: Anforderungen an die Verfahren zur Kalibrierung von Werkzeugmaschinen

	Anforderung	Zielgrößen	
Technologische Anforderungen	Kalibrierung von Linerachsen	21 (18) Fehlerparameter	
	Kalibrierung von zwei Rotationsachsen	20 Fehlerparameter	
	Großer Messbereich und hinreichend geringe Unsicherheit (Angaben: 2 Sigma)*	Achslänge < 1 m	< 2 µm
		Achslänge < 5 m	< 10 µm
		Achslänge > 5 m	< 25 µm
	Hinreichend geringer Messpunktabstand*	Achslänge < 1 m	25 mm
		Achslänge > 1 m	50 mm
Wirtschaftliche Anforderungen	Geringer Kalibrieraufwand	Kurze Messdauer (Stillstandszeiten)	
		Kostengünstige Messtechnik	
		Einfache Handhabung	

* Richtwerte: Die Zielgröße ist abhängig von der individuellen Werkzeugmaschine bzw. der angestrebten Restunsicherheit der Kompensation

Die Verfahren zur Kalibrierung von Werkzeugmaschinen können in direkte und indirekte Verfahren unterteilt werden [SCHW08]. Bei direkten Verfahren werden die Fehlerparameter einzeln gemessen. Dabei beeinflussen sich die geometrischen Fehlerparameter der Werkzeugmaschine allerdings gegenseitig [BRIN09]. So wird beispielsweise die Positionsabweichung der x-Achse *EXX* unmittelbar von dem rotatorischen Fehlerparameter *EBZ* der z-Achse überlagert. Um ein vollständiges Bild des geometrischen Verhaltens der Werkzeugmaschine zu erhalten, müssen die direkt gemessenen Fehler unter Berücksichtigung dieser gegenseitigen Überlagerungen interpretiert werden.

Indirekte Messungen erfordern die Bewegung mehrer Achsen. Die gemessene Positionsabweichung resultiert aus der Überlagerung der Einzelfehler. Der Rückschluss auf die Fehlerparameter der Werkzeugmaschine erfolgt mithilfe eines Modells entweder analytisch oder durch den Einsatz eines Best-Fit-Algorithmus. Aufgrund der simultanen Messung mehrerer Abweichungen und der automatischen Interpretation der Ergebnisse, die ein vollständiges Bild des geometrischen Fehlerverhaltens der Werkzeugmaschine ergibt, besitzt die indirekte Kalibrierung ein großes Potential zur Verkürzung der Messzeit und somit zur ressourceneffizienten Kalibrierung von Werkzeugmaschinen. [SCHW08]

Die direkte Messung der geometrischen Fehlerparameter kann nach der verwendeten metrologischen Referenz in material-, laser- und gravitationsbasierte Verfahren untergliedert werden (Bild 4.3). Die Kalibrierung mit Laserlicht nutzen die Wellenlänge oder die geradlinige Ausbreitung des Laserlichts als Referenz, die gravitationsbasierte Kalibrierung das Schwerefeld der Erde [GÜNT05]. Bei den indirekten Verfahren kommen Geometrienormale oder Tracking-Interferometer zum Einsatz. Tracking-Interferometer sind Laserinterferometer, deren Laserstrahl automatisiert auf das Zentrum eines bewegten Reflektors ausgerichtet werden kann (vgl. 4.3.2).

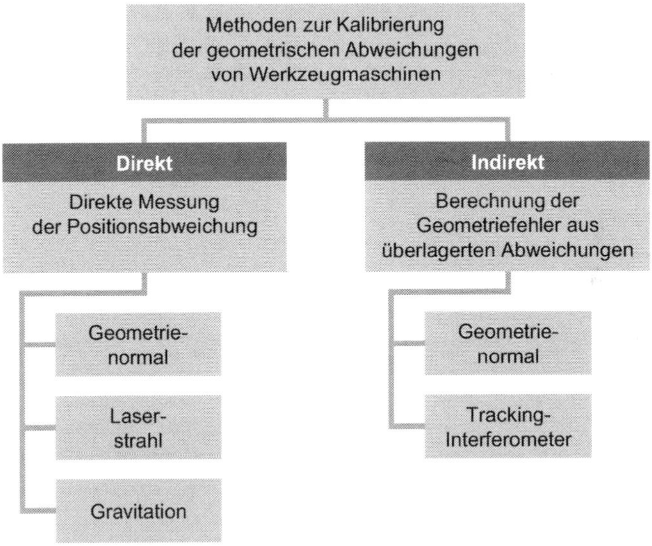

Bild 4.3: Methoden zur Kalibrierung der geometrischen Abweichungen von Werkzeugmaschinen

Neben den genannten gibt es weitere Kalibrierverfahren, die im Forschungsumfeld entwickelt wurden, bis heute aber kaum im industriellen Umfeld eingesetzt werden, wie das µGPS oder die sequentielle Diagonalmessung [SCHM07; CHAP03; WANG00]. Diese Verfahren werden in den weiteren Ausführungen nicht betrachtet.

4.3.1 Direkte Messung

Im Folgenden werden die materiellen, laserbasierten und die gravitationsbasierten Normale, die bei der direkten Messung zum Einsatz kommen kurz vorgestellt und ihre Vor- und Nachteile aufgeführt. Eine übergreifende Bewertung der verbreiteten Kalibrierverfahren erfolgt unter Einbezug der indirekten Verfahren in Abschnitt 4.4.

Materielle Normale

Die Verwendung von materiellen Normalen zur Kalibrierung von Werkzeugmaschinen ist ausführlich in der DIN ISO 230-1:1999 beschrieben. Bild 4.4 zeigt verschiedene Versuchsaufbauten zur Messung der geometrischen Fehlerparameter mit kalibrierten Stufenendmaßen, Linealen und Winkeln zur vollständigen Kalibrierung der Linearachsen einer Werkzeugmaschine. Die Fehlerparameter werden direkt mittels Tast- und Wegmesssystemen aufgenommen. Als Wegmesssysteme eignen sich Messuhren (Bild 4.4), aber auch Widerstandsaufnehmer sowie induktive, kapazitive und optische Sensoren [SCHM07].

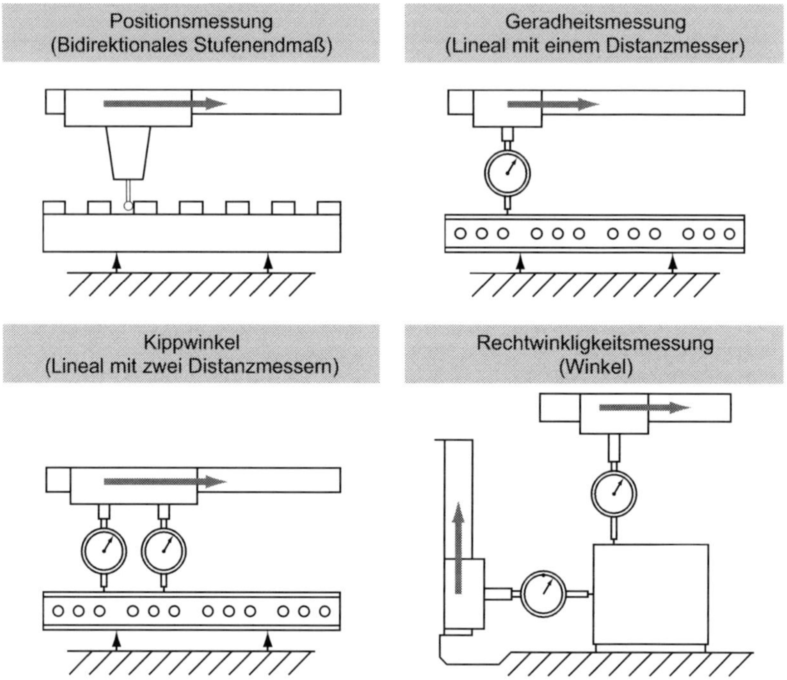

Bild 4.4: Direkte Messung der geometrischen Fehlerparametern von Linearachsen mit materiellen Geometrienormalen gemäß DIN ISO 230-1:1999

Materielle Geometrienormale aus Stahl oder Granit sind aufgrund der einfachen Durchführung der Messung und der kostengünstigen Messtechnik weit verbreitet. Ein Nachteil der Geometrienormale ist deren Empfindlichkeit gegenüber Durchbiegung sowie Temperatur und Feuchtigkeitsschwankungen. Geometrienormale unterliegen zudem langfristigen Veränderungen und müssen regelmäßig nachkalibriert werden. [WECK05; KNAP91]

Die Messunsicherheit wird durch herstellungsbedingte Abweichungen des Geometrienormals beeinflusst. Eine Möglichkeit zur Kompensation solcher Abweichungen ist die Drehung des Normals und eine anschließende zweite Messung. Die tatsächlichen Abweichungen der Maschine ergeben sich durch Mittelwertbildung der Messergebnisse. Trotzdem müssen die Normale hohen Toleranzanforderungen genügen. Normale ab einer Länge von über zwei Metern sind daher nur noch bedingt realisierbar und führen zu einer erhöhten Messunsicherheit.

Die Kalibrierung der Rotationsachsen oder auch der Spindel erfolgt gemäß ISO 230-7:2006 mit einem Prüfdorn (Bild 4.5). Die Orientierung des Prüfdorns kann analog zur Prüfung der Linearachsen durch einen oder mehrere Distanzsensoren gemessen und somit die Fehlerparameter bestimmt werden. Auch bei der Messung der rotatorischen Abweichungen wird empfohlen, den Prüfdorn umzudrehen, eine zweite Messung durchzuführen und den Mittelwert der Ergebnisse zu bilden, um die tatsächlichen Maschinenfehler zu ermitteln.

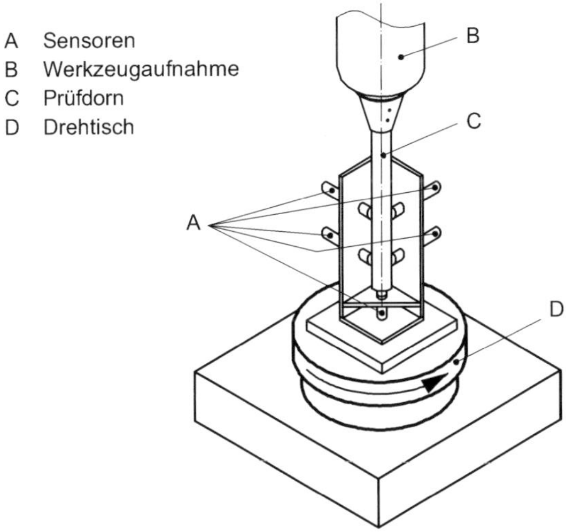

Bild 4.5: Direkte Messung der Geometriefehler von Rotationsachsen mit einem Prüfdorn gemäß ISO 230-7:2006

Laserbasierte Normale

Ein weit verbreitetes Verfahren ist die direkte Kalibrierung von Werkzeugmaschinen mit Laserinterferometern. Mit Laserinterferometern können hochpräzise relative Längenänderungen gemessen werden (vgl. Absatz 5.1.2). Für die vollständige selektive Messung der geometrischen Fehlerparameter einer Werkzeugmaschine ist es erforderlich, verschiedene optische Elemente zu nutzen und das Messergebnis über die gemessenen Längenänderungen zu berechnen (Bild 4.6).

Für die Positionsmessung wird in der Regel ein Interferometer und ein Tripelspiegel genutzt. Der Tripelspiegel besteht aus drei senkrecht zueinander angeordneten Spiegeln, die den einfallenden Laserstrahl parallel zu sich selbst zurückreflektieren. Der reflektierte Strahl wird mit einem Referenzstrahl überlagert und somit zur Interferenz gebracht. Wird der Tripelspiegel verschoben, kommt es zur positiven und negativen Interferenz des Mess- und des Referenzstrahls, die als Hell-Dunkel-Unterschied an einer Photodiode registriert wird. Ein Übergang von hell zu dunkel entspricht einem Viertel der Wellenlänge des verwendeten Laserlichts. In der Regel kommt ein Helium-Neon-Laser zum Einsatz, dessen Wellenlänge bei ca. 632,8 Nanometer liegt. Durch Interpolation kann die Auflösung des Verfahrens weiter gesteigert werden, so dass die resultierende Auflösung bei wenigen Nanometer liegt. Aufgrund der hohen Kohererenzlänge des Laserlichts können Laserinterferometer für Achsen von bis zu 80 Metern Länge eingesetzt werden. [SCHW08; SART95; VDI89]

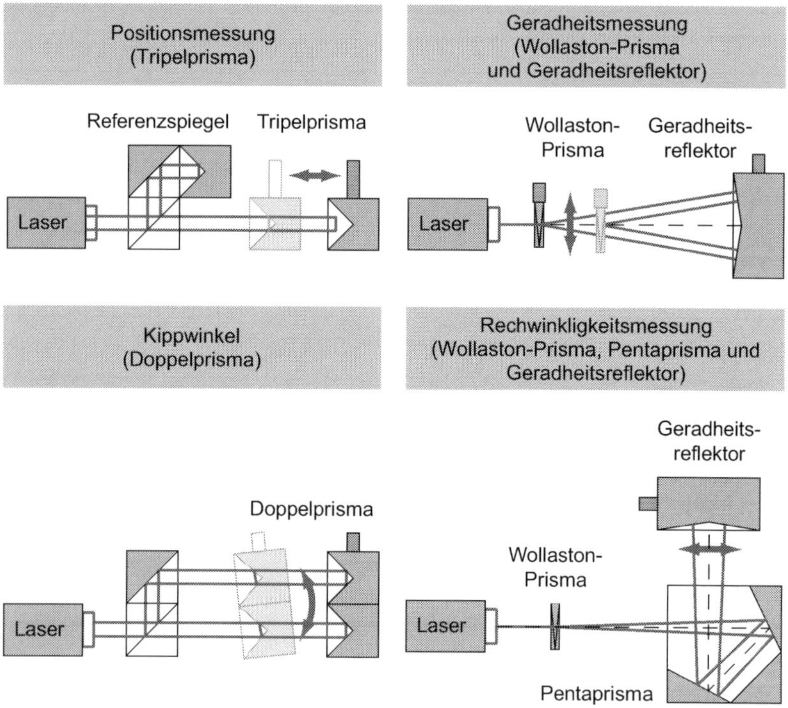

Bild 4.6: Direkte Messung der Geometriefehler von Linearachsen mit Laserinterferometern

Für die Geradheitsmessung wird der Laserstrahl mit einem Wollaston-Prisma in zwei divergierende Laserstrahlen aufgeteilt, die von einem Geradheitsreflektor reflektiert werden. Durch die Verlagerung des Prismas quer zur Verfahrachse wird die relative optische Weglänge zwischen den beiden Teilstrahlen verändert, so dass auf die Geradheitsabweichung geschlossen werden kann. Die metrologische Referenz dieser Messung ist die immaterielle Winkelhalbierende des Geradheitsreflektors.

Für die Messung der rotatorischen Abweichungen von Linearachsen kommt ein Doppelprisma zum Einsatz. Der Laserstrahl wird in zwei parallele Laserstrahlen aufgeteilt, die vom Doppelprisma reflektiert werden. Verkippungen des Doppelprismas führen zu messbaren Wegunterschieden der beiden Teilstrahlen.

Die Rechtwinkligkeitsabweichung ergibt sich durch die Kombination zweier Geradheitsmessungen. Erst wird die Geradheit einer Achse gemessen. Anschließend erfolgt eine zweite Messung. Während der Geradheitsreflektor an einem festen Punkt verbleibt, wird ein Pentaprisma in den Strahlengang eingebracht, mit dem die einfallenden Laserstrahlen rechtwinklig abgelenkt werden. Anschließend erfolgt eine Messung der Geradheitsabweichungen der zweiten Achse. Beide Messungen ergeben eine konstante Abweichung gegenüber der Winkelhalbierenden des Geradheitsreflektors. Die Differenz zwischen den beiden Geradheitsmessungen ergibt die Geradheitsabweichungen der Achsen zueinander.

Die Optik zur Kippwinkelmessung kann auch zur Messung der Positionsfehler von Rotationsachsen eingesetzt werden. Da der messbare Winkel allerdings aufgrund des nutzbaren Öffnungswinkels von Tripelspiegeln begrenzt ist, muss die Optik mit einem Rotationstisch verbunden werden, mit dem das Doppelprisma nachgeführt werden kann (Bild 4.7).

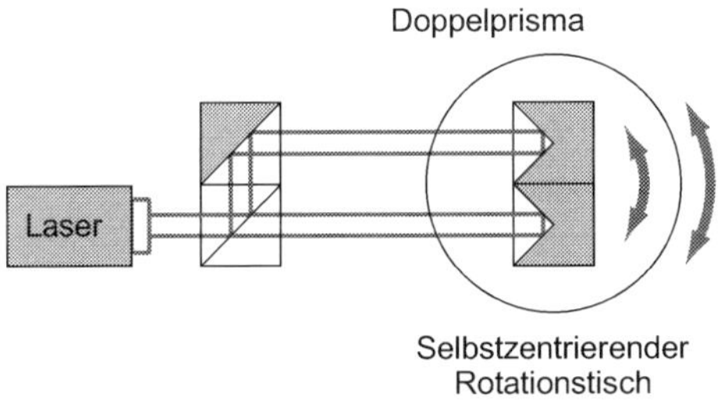

Bild 4.7: Direkte Messung des Positionsfehlers von Rotationsachsen mit einem Laserinterferometer und einem Doppelprisma

Tooling-Laser nutzen das Laserlicht als Geradheitsnormal. Abweichungen der Achsbewegung von der Geradheit werden mit einer positionssensitiven Diode (PSD) oder eine 4-Quadranten-Diode gemessen (Bild 4.8).

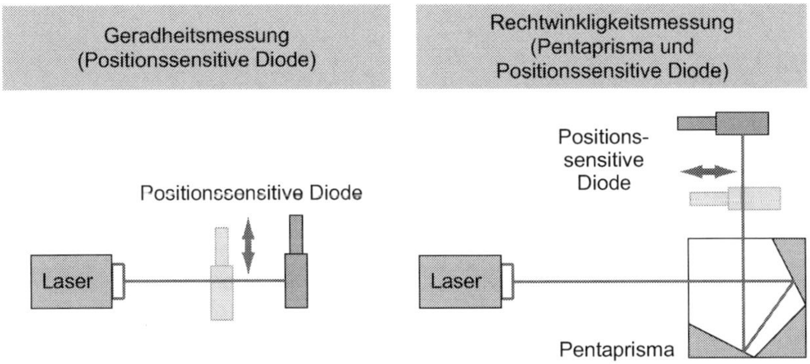

Bild 4.8: Direkte Messung der Geradheitsfehler und der Rechtwinkligkeit mit einem Tooling-Laser

Mit dem Autokollimator können hochgenaue Winkelmessungen durchgeführt werden. Der Laserstrahl wird durch eine Optik aufgeweitet und auf einen Planspiegel projiziert (Bild 4.9). Der reflektierte Strahl wird über einen Strahlteiler auf eine positionssensitive Diode (PSD) fokussiert. Verkippungen des Planspiegels führen zu einem Versatz des fokussierten Punkts, der über die PSD gemessen werden kann. Die Unsicherheit der Winkelmessung ist wie beim Tooling-Laser in erster Linie abhängig von der Ablenkung des Laserstrahls durch Temperaturgradienten.

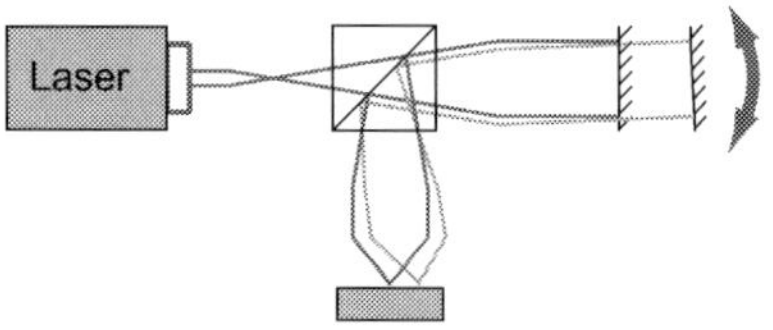

Bild 4.9: Direkte Messung rotatorischer Abweichungen mit einem Autokollimator

Gravitationsbasierte Normale

Mit gravitationsbasierten Normalen können die rotatorischen Abweichungen in Relation zum Schwerefeld der Erde bestimmt werden [MAHD09; GÜNT05]. Bild 4.10 zeigt eine elektronische Neigungswaage. Die Messung der Orientierung erfolgt über einen Differentialkondensator mit einer als Pendel gelagerten Kondensatorplatte. Abweichungen des Pendels von der senkrechten Lage führen zu einer Veränderung der gemessenen Spannung $U_A(\varphi)$.

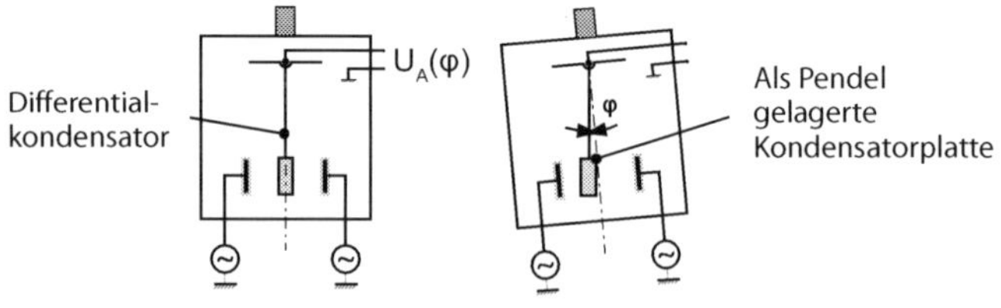

Bild 4.10: Direkte Messung rotatorischer Abweichungen mit einer elektronischen Neigungswaage

Kombinierte Systeme

Durch die Kombination verschiedener Verfahren zur direkten Messung kann die Zeit zur Datenaufnahme deutlich reduziert werden. So werden beispielsweise Mehrstrahl-Interferometer in Kombination mit gravimetrischen Methoden eingesetzt, um die Positionsabweichung, die Geradheitsabweichung und alle rotatorischen Abweichungen in einer einzigen Messung aufnehmen zu können.

4.3.2 Indirekte Messung

Die indirekte Messung der geometrischen Fehlerparameter basiert auf der Messung von Positionsabweichungen als Resultat von überlagerten Geometriefehlern. Die indirekte Messung erfordert somit eine Interpretation der Messergebnisse, um auf die Fehlerparameter zurück schließen zu können. Die Grundlage für die Interpretation ist ein Starrkörpermodell der Maschinenkinematik – bestehend aus starren Achsen, die über Gelenke miteinander verbunden sind. Eine Durchbiegung der Achsen wird in diesem Modell als rotatorische Abweichungen an den Gelenken, überlagert durch eine Geradheitsabweichung, interpretiert. Der Rückschluss von der Positionsabweichung auf die geometrischen Fehlerparameter erfolgt analytisch oder über einen Best-Fit Algorithmus.

Die Messung der Positionsabweichung muss so gestaltet werden, dass der Einfluss jedes einzelnen Fehlerparameters auf die gesamte Positionsabweichung unterschieden werden kann [SOON05; CHAP03]. In Bild 4.11 ist in Anlehnung an die VDI/VDE-Richtlinie 2617-5 dargestellt, wie sich die Geometriefehler der Linearachsen in einem Starrkörpermodell auf die gemessene Positionsabweichung der Werkzeugmaschine auswirken [VDI2617-5; VDI2617-5.1].

Während für die Bestimmung der Positions- und Geradheitsabweichung die Bewegung in einer Achse hinreichend ist, muss für die Messung der rotatorischen Abweichungen die überlagerte Bewegung mehrerer Achsen analysiert werden. Die Grafik verdeutlicht, dass die Abweichung von der Rechtwinkligkeit als ein konstanter Anteil der rotatorischen Abweichung interpretiert werden kann.

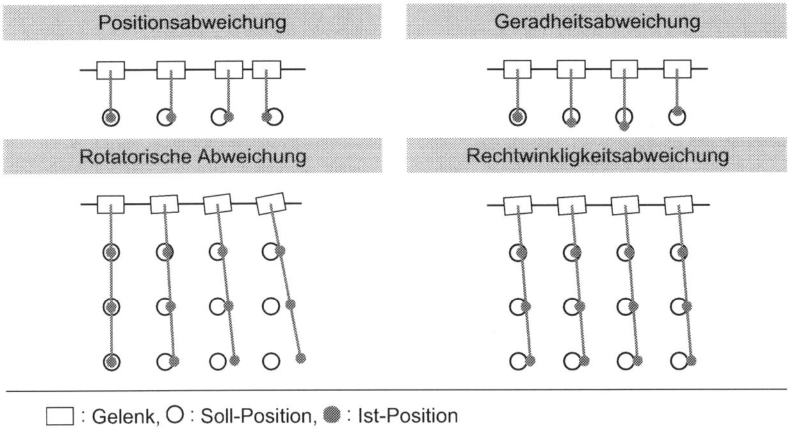

Bild 4.11: Positionsabweichungen aufgrund der Geometriefehler der Linearachsen

Ähnlich können die geometrischen Fehlerparameter von Rotationsachsen bestimmt werden (Bild 4.12). Die Positionsabweichung, die Radialbewegung und die Axialbewegung können über einen festen Punkt an der Spindel bzw. der Drehachse bestimmt werden, dessen Position in mehreren Winkelstellungen gemessen wird.

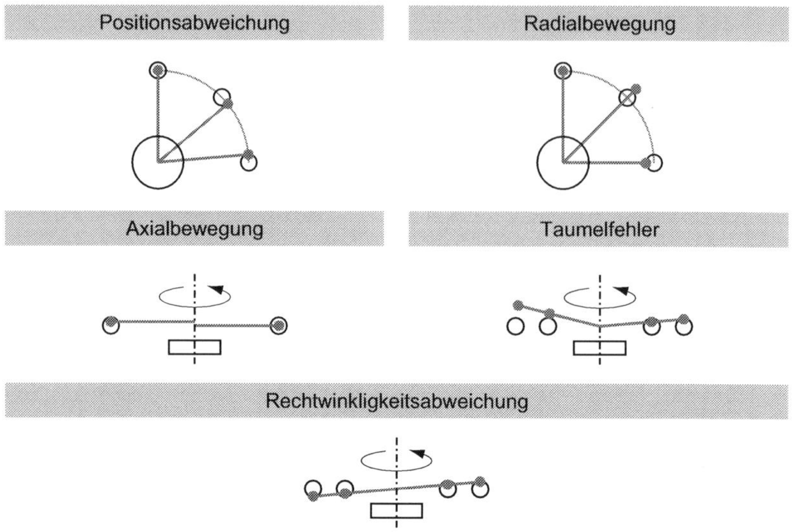

□ : Gelenk, ○ : Soll-Position, ● : Ist-Position

Bild 4.12: Positionsabweichungen aufgrund der Geometriefehler der Rotationsachsen

Für die Messung des Taumelfehlers und der Rechtwinkligkeit sind mindestens zwei Messpunkte erforderlich, um die Orientierung der Achse im Koordinatensystem der Werkzeugmaschine vollständig zu beschreiben. Auch bei den Rotationsachsen kann die Rechtwinkligkeit als konstanter Anteil des Taumelfehlers interpretiert werden.

Um die Positionsabweichungen zu messen, können einige der bereits vorgestellten Normale aus Abschnitt 4.3.1 genutzt werden. So kann zum Beispiel ein Laserinterferometer zur Messung von Abweichungen entlang von Diagonalen im Maschinenvolumen genutzt werden [CHAP03; WANG00].

Materielle 1D, 2D und 3D-Normale

Darüber hinaus stehen verschiedene materielle Maßverkörperungen zur Verfügung, die für die indirekte Kalibrierung genutzt werden können. Bild 4.13 zeigt den eindimensionalen Kugelstab und eine zweidimensionale Kugelplatte [SCHW08]. Durch die Verwendung einer kalibrierten, kinematischen Kopplung können Kugelplatten als dreidimensionale Normale verwendet werden [BRIN09; BRIN05; SLOC92]. Die Positionsmessung auf der Werkzeugmaschine erfolgt über eine Mehrfachantastung der Kugeln mit einem eingewechselten Taster. Die Positionen der Kugeln zueinander sind durch ein Material mit geringer Temperaturdehnung wie z.B. Zerodur oder Faserverstärkte Kunststoffe fixiert. [PFEI01 S. 398; VDI2617-2.3; VDI2617-5; VDI2617-5.1]

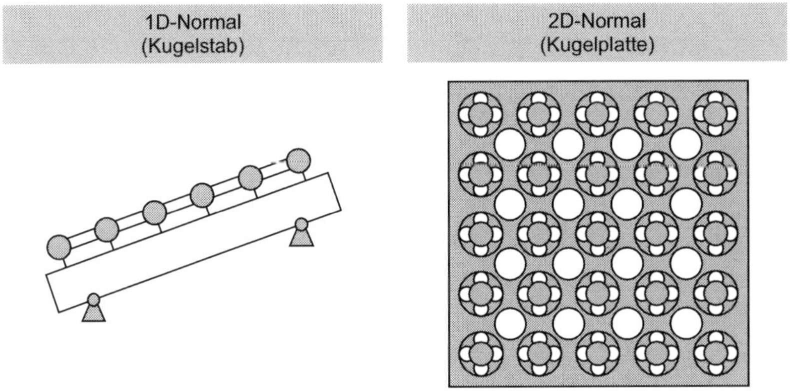

Bild 4.13: Materielle Maßverkörperungen zur Messung von Positionsabweichungen von Werkzeugmaschinen und Koordinatenmessgeräten

Laserbasierte Normale

Ein innovatives Verfahren zur indirekten Kalibrierung ist die Realisierung eines virtuellen Normals mit Tracking-Interferometern. Tracking-Interferometer sind optische Messsysteme, mit denen relative Längenänderungen zwischen einem Reflektor und einem Interferometer nach dem Prinzip der Interferenz gemessen werden können. Eine Bewegung des Reflektors senkrecht zum Laserstrahl bewirkt einen Versatz des reflektierten Strahls, der mit einer Positionssensitiven Diode detektiert und deren Signal zur Nachführung des Laserstrahls genutzt wird (Tracking).

Wird neben der Längenänderung die Orientierung des Laserstrahls über zwei kardanisch gelagerte Winkelencoder gemessen, kann die Position eines Reflektors im Kugelkoordinatensystem gemessen werden (Bild 4.14).

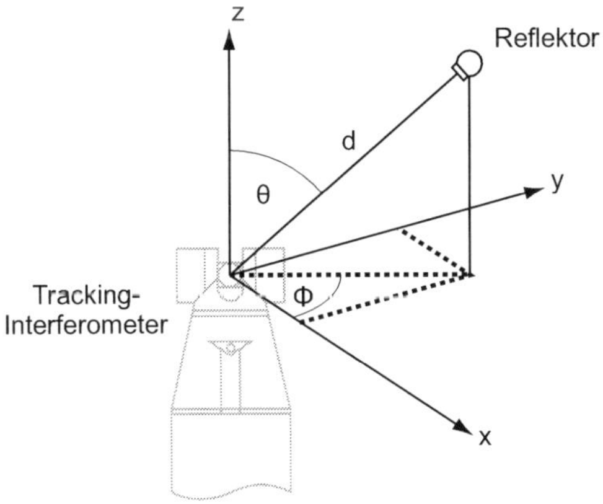

$$\begin{bmatrix} x \\ y \\ z \end{bmatrix} = \begin{bmatrix} d \cdot \sin\theta \cdot \cos\phi \\ d \cdot \sin\theta \cdot \sin\phi \\ d \cdot \cos\theta \end{bmatrix}$$

mit

x, y, z	Kartesische Koordinaten
d	Länge
Θ	Zenitwinkel
Φ	Horizontalwinkel

Bild 4.14: Messung einer Reflektorposition im Kugelkoordinatensystem eines Lasertrackers

Diese Tracking-Interferometer – sogenannte Lasertracker, werden als mobile Koordinatenmessgeräte für große Messvolumina mit einem Durchmesser von bis zu 80 Metern eingesetzt [PEGG09; SCHM09e; ESTL02; DOLD02; CLAR98; RULA93; RIEM90]

Allen Lasertrackern gemein ist, dass diese über ein Längenmesssystem, Winkelencoder, eine positionssensitive Diode und ein festes Reflektornest verfügen, mittels dessen die interferometrische Längenmessung referenziert wird. Ein wesentlicher Unterschied zwischen den verschiedenen Bauformen ist die Strahlführung (vgl. Abschnitt 5.1.2). Der Laserstrahl wird entweder über einen kardanisch gelagerten Spiegel umgelenkt oder die Strahlquelle ist selbst kardanisch gelagert. Abweichungen der rotatorischen Achsen führen unmittelbar zu systematischen Längen- und Winkelfehlern, die je nach Bauform und Position des Reflektors sehr unterschiedlich ausfallen können. [PTB09; KNIE07; LINP05; ZHUA95; ZHUA94]

Trotz der geringen Unsicherheit der interferometrischen Längenmessung der Lasertracker von ca. 0,5 Mikrometer pro Meter führt die Unsicherheit der Winkelmessung dazu, dass die Positionsmessung einer Koordinate im kartesischen Koordinatensystem unter idealen Umgebungsbedingung vom Hersteller mit einer Unsicherheit von ca. 10 µm + 5 µm pro Meter angegeben wird. Wird die Messung in der Fertigungsumgebung durchgeführt, verursachen Temperaturgradienten eine zusätzliche Strahlablenkung, die zu einem kaum quantifizierbaren Unsicherheitsbeitrag führt. Trotzdem eignet sich die direkte Messung einer Koordinate mit Lasertrackern für die Kalibrierung großer Werkzeugmaschinen, wenn die Anforderungen an die Korrektur der Werkzeugmaschine nicht zu hoch sind.

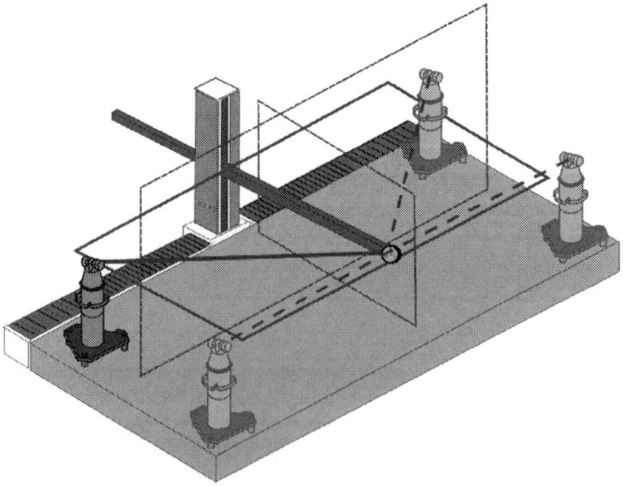

Bild 4.15: Indirekte Kalibrierung eines Koordinatenmessgeräts mittels sequentieller Multilateration [WEND03; WEND01]

Eine Möglichkeit, die Unsicherheit der Winkelmessung zu umgehen, ist die Kalibrierung von Werkzeugmaschinen nach dem Prinzip der sequentiellen Multilateration [SCHW09b; LIN05; UMET05; WEND03; JIAN02; WEND01; CHEN99; SCHW99a]. Die sequentielle Multilateration basiert auf mehreren, nacheinander durchgeführten Messungen von Längendifferenzen von mehreren Standorten des Lasertrackers, während der Reflektor entlang eines definierten Pfades verfahren wird (Bild 4.15). Dem Verfahren liegt die Annahme zugrunde, dass die systematische Abweichung bei allen Messungen annähernd konstant ist und nur von den zufälligen Abweichungen überlagert wird, die entsprechend kleiner sind.

Das Resultat der Messung ist eine Längendifferenz zwischen der idealen und der Ist-Position des Reflektors. Um auf Basis dieser Längendifferenzen die geometrischen Fehlerparameter berechnen zu können, wird ein lineares Gleichungssystem formuliert, mit dem die ideale Soll- und die fehlerhafte Ist-Länge berechnet werden kann. Während die Soll-Werte der Achsen a priori bekannt sind, können die Fehlerparameter mithilfe eines Best-Fit-Algorithmus berechnet werden. Die Position des Lasertrackers im Koordinatensystem der Werkzeugmaschine kann mithilfe des überbestimmten Gleichungssystems ebenfalls berechnet werden. Unsicherheiten und Widersprüche in dem Netz aus Längenmessungen resultieren aus der Wiederholunsicherheit der kalibrierten Kinematik, den Umgebungsbedingungen und der Längenmessunsicherheit des Lasertrackers. Messungen der PTB haben ergeben, dass diese Einflüsse zu einer Unsicherheit der Kalibrierprozedur von 5 bis 15 µm für ein Koordinatenmessgerät mit Achslängen von 5m x 2m x 1,5m führen. Diese Messunsicherheit kann für solche Systeme als hinreichend gering angesehen werden, da die spezifizierten Fehlergrenzen des Herstellers für solche Geräte um den Faktor 10 höher liegen [WEND03; WEND01].

Obwohl die Messunsicherheit von Lasertrackern bereits sehr gering ist, sind die Anforderungen an die Kalibrierung in vielen Fällen höher. Die systematischen Abweichungen von Werkzeugmaschinen und Koordinatenmessgeräten liegen zum Teil bei wenigen Mikrometern. Um diese messen und anschließend korrigieren zu können, ist ein Messsystem mit einer geringen Unsicherheit erforderlich.

Aufgrund der gewählten Mechanismen zur Strahlführung führen die geometrischen Fehler der Rotationsachsen konventioneller Lasertracker zu systematischen Längenfehlern (vgl. Abschnitt 5.1.2). Am National Physical Laboratory (NPL) in England wurde parallel zu der Entwicklung des Kalibrierverfahrens ein neuer Strahlführungsmechanismus für Tracking-Interferometer entwickelt, der sich aufgrund der hohen Stabilität des optischen Drehzentrums besonders für die Multilateration eignet. Das Ziel dieser Entwicklung war der Aufbau eines neuartigen Koordinatenmessgeräts mit acht Tracking-Interferometern [HUGH99].

Das stabile optische Zentrum des LaserTracers basiert auf einem patentierten Verfahren [HUGH00; HUGH99]. Der Laserstrahl wird auf eine hochpräzise Reflektorkugel fokussiert, die eine Formabweichung von weniger als 50 Nanometern aufweist und auf einem temperaturstabilen Invarstab befestigt ist (Bild 4.16).

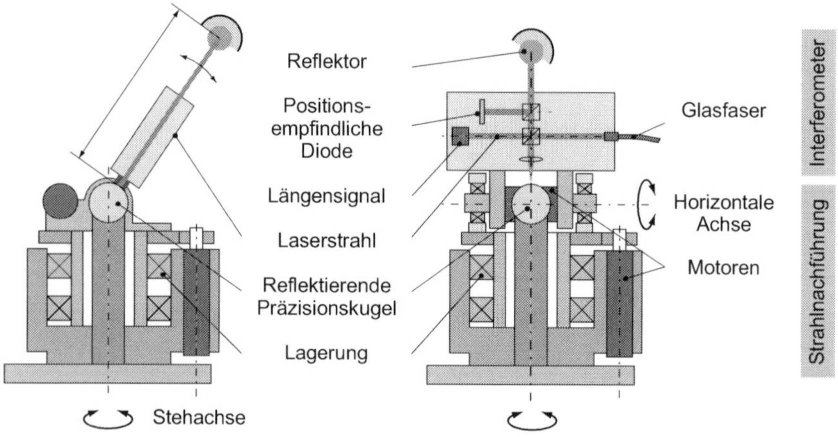

Bild 4.16: Aufbau eines LaserTracers [KNIE07]

Die Längenmessung ist somit mechanisch und thermisch von dem Nachführmechanismus entkoppelt. Aufgrund dieser Bauweise können mit dem LaserTracer unter Laborbedingungen Längenmessungen mit einer Unsicherheit von 0,2 µm + 0,3 µm pro Meter (2 Sigma) durchgeführt werden. [KNIE07; SCHW05; HUGH00; HUGH99]

4.4 Bewertung der Kalibrierverfahren

Die Bewertung der vorgestellten Kalibrierverfahren basiert auf vergleichenden Studien, die in der Literatur beschrieben werden. Als Bewertungskriterien werden die in Abschnitt 4.3 vorgestellten technologischen und wirtschaftlichen Anforderungen herangezogen. Die Ergebnisse sind übersichtlich in einer Vergleichstabelle zusammengefasst (Tabelle 4.4). Da die Eignung der Kalibrierverfahren von der individuellen Aufgabenstellung abhängt, erfolgt die Bewertung qualitativ mittels sogenannter Harvey Balls. Die besonderen Charakteristika werden für die einzelnen Kalibrierverfahren im Folgenden kurz zusammengefasst. [SCHW08; SCHM07; BRIN05; SART95; KNAP91]

Die direkte Kalibrierung mit materiellen Normalen ist im industriellen Einsatz zur Abnahme von Werkzeugmaschinen weit verbreitet. Mit den Normalen können fast alle Maschinenparameter bestimmt werden. Der Anschaffungspreis ist vergleichsweise gering. Die Messunsicherheit wächst mit zunehmendem Messvolumen. Der begrenzte und unflexible Messbereich, die Kosten für die regelmäßige Rekalibrierung sowie die lange Messdauer für eine vollständige Erfassung aller Fehlerparameter sprechen gegen den Einsatz von materiellen Normalen. Diese eigenen sich vornehmlich für einfache Kalibrieraufgaben in Produktionsprozessen, bei denen die Stillstandskosten nicht zu stark ins Gewicht fallen oder die Überprüfung von Fehlergrenzen einzelner Fehlerparameter bei der Abnahme von Werkzeugmaschinen.

Auch Laserinterferometer sind für die Kalibrierung oder die Abnahme von Werkzeugmaschinen weit verbreitet. Für den Einsatz von Interferometern sprechen die Möglichkeit, Positions-, Geradheits- und Kippwinkelfehler mit einem einzigen Messsystem zu erfassen, der flexible und große Messbereich, die geringe Messunsicherheit sowie die stetig gesunkenen Systemkosten. Nachteilig ist die Dauer der Messung durch die wiederholte Ausrichtung der verschiedenen Optiken, die zur Erfassung sämtlicher Fehlerparameter benötigten werden, die wiederum zu zusätzlichen Stillstandskosten führen.

Tabelle 4.4: Vergleichstabelle der aktuellen Kalibrierverfahren

	Anforderungen an das Kalibrierverfahren						
	Technologisch				Wirtschaftlich		
	Parameter	Messbereich	Unsicherheit	Punktabstand	Messdauer	Systemkosten	Handhabung
Direkte Kalibrierverfahren							
Materielles Normal	◕	◔	◑	◑	◔	●	◔
Interferometer	◑	●	●	●	◑	◑	◑
Tooling-Laser	◑	◑	◑	●	◑	◕	◑
Autokollimator	◑	◑	◑	●	◑	◕	◑
Neigungswaage	◑	●	◑	●	◕	●	●
Indirekte Kalibierverfahren							
Materielles Normal	●*	◔	◕	◑	◔	◑	◔
Tracking-Interferometer	●*	●	●	●	◕	○	●

Kriterium: ● Voll erfüllt ◑ Halb erfüllt ○ Nicht erfüllt

* Voraussetzung: Mathematisches Geometriemodell der kalibrierten Kinematik

Mit Tooling-Lasern können Abweichungen von der Geradheit und der Rechtwinkligkeit mit hoher Messpunktdichte gemessen werden. Die Strahlablenkung aufgrund von Temperaturgradienten wirkt sich allerdings unmittelbar auf das Messergebnis aus, so dass die Reichweite von Tooling-Lasern auf wenige Meter begrenzt ist. Tooling-Laser eignen sich eher aufgrund ihrer Fähigkeit zur Messung von Geradheitsabweichungen für den Einsatz in kombinierten Messsystemen.

Mit Neigungswaagen können die rotatorischen Abweichungen gegenüber dem Gravitationsfeld der Erde gemessen werden. Da die rotatorischen Abweichungen einer Linearbewegung um die eigene Achse weder mit optischen Messsystemen noch mit materiellen Normalen gemessen werden können, ist die Neigungswaage das einzige direkte Messsystem, das für die Kalibrierung dieses Fehlerparameters eingesetzt werden kann. Neigungswaagen eignen sich daher besonders für den Einsatz in kombinierten Messsystemen, zum Beispiel zur simultanen Messung aller Fehlerparameter mit einem Mehrstrahl-Interferometer. Das Messsystem ist günstig und einfach zu handhaben. Das Verfahren ist unabhängig vom Messvolumen, der Messpunktabstand kann flexibel festgelegt werden.

Mit dem Autokollimator können kleine Winkel gemessen und somit die rotatorischen Abweichungen der Linearachse einer Werkzeugmaschine kalibriert werden. Analog zum Tooling-Laser beeinflusst die Strahlablenkung unmittelbar das Messergebnis, so dass mit zunehmender Distanz zwischen dem Reflektor und dem Autokollimator die Messunsicherheit ansteigt. Aufgrund der Möglichkeiten moderner Interferometer zur Messung der Position, der Geradheit und der Kippwinkel werden Autokollimatoren nur in seltenen Fällen für die Kalibrierung von Werkzeugmaschinen genutzt.

Die indirekte Kalibrierung mit materiellen Normalen ist insbesondere bei der Kalibrierung von Koordinatenmessgeräten weit verbreitet. Für den Einsatz in Werkzeugmaschinen ist ein zusätzliches Tastsystem erforderlich. Durch die indirekte Messung können sämtliche Geometriefehler der Linear- oder Rotationsachsen von Werkzeugmaschinen kalibriert werden, vorausgesetzt es existiert ein mathematisches Geometriemodell der Kinematik, mit dem die überlagert gemessenen Abweichungen interpretiert werden können. Der Messbereich von materiellen Normalen ist analog zur direkten Messung begrenzt und wenig flexibel. Bei größeren Volumina stehen kaum noch Normale mit einer hinreichend geringen Unsicherheit zur Verfügung. Der Messpunktabstand ist durch den Abstand der kalibrierten Kugeln zueinander fest definiert. Während die Kosten für ein kalibriertes Normal noch vergleichsweise gering ausfallen, führen die Mehrfachantastung der Kugeln und die Handhabung des Normals zu langen Messzeiten, die wiederum zu hohen Stillstandskosten führen.

Seit einigen Jahren existiert die Möglichkeit, indirekte Messungen mit Tracking-Interferometern durchzuführen. Auch mit dem Tracking-Interferometer können sämtliche Fehlerparameter kalibriert werden. Der Messbereich ist ähnlich flexibel wie bei einem Laserinterferometer. Das Messvolumen wird durch die Reichweite des Interferometers und die Reflexionseigenschaften des Reflektors begrenzt und liegt bei den heute verfügbaren Systemen bei 15 bis 40 Metern. Durch die Kombination mehrerer Standorte des Tracking-Interferometers in der Werkzeugmaschine kann dieser Messbereich erweitert werden. Die Unsicherheit des Messsystems ist in erster Linie abhängig von dem Messvolumen und dem Aufbau des Tracking-Interferometers und wird in Abschnitt 5 detailliert diskutiert. Nachteilig sind die hohen Kosten des Messsystems. Diese rentieren sich allerdings unter Berücksichtigung der einfachen Handhabung und der schnellen Messung, die zu geringen Stillstandskosten durch die Kalibrierung führen.

4.5 Forschungsbedarf

Die sequentielle Multilateration mit Tracking-Interferometern ist nach aktuellem Stand der Technik das flexibelste und effizienteste Verfahren für die Kalibrierung von Werkzeugmaschinen und Koordinatenmessgeräten. Neben dem LaserTracer, der speziell für hochpräzise Längenmessungen entwickelt worden ist und dessen Messunsicherheit unabhängig von der Orientierung des Laserstrahls ist, können auch Lasertracker für die Kalibrierung eingesetzt werden. Diese Möglichkeit ist besonders attraktiv für Unternehmen, die den Lasertracker bereits für dimensionelle Messaufgaben einsetzen.

Allerdings ist die Längenmessung im Raum mit Lasertrackern nach aktuellem Stand der Technik nicht rückgeführt, wie dies nach DIN ISO 230-1:1999 gefordert wird. Die Rückführung ist eine Grundvoraussetzung, um die Validität von Messergebnissen bewerten zu können. Durch die Rückführung werden die zufälligen und systematischen Abweichungen gegenüber einem als wahr angenommenen Messwert ermittelt. Sind diese Abweichungen hinreichend gering, ist das Verfahren für die Durchführung der Messaufgabe geeignet. Darüber hinaus werden die Ergebnisse der Längenmessung bei der indirekten Kalibrierung über deren Messunsicherheit gewichtet. Eine Über- oder Unterschätzung der Messunsicherheit beeinflusst somit direkt das Kalibrierergebnis. Im folgenden Kapitel 5 – „Kalibrierung von Werkzeugmaschinen mit Tracking-Interferometern" – wird daher die Messunsicherheit von Tracking-Interferometern im Kontext der Kalibrierung von Werkzeugmaschinen detailliert untersucht und eine Methode zur Abschätzung der Längenmessunsicherheit auf Basis eines metrologischen Modells vorgestellt.

Auch wenn die sequentielle Messung mit Lasertrackern bereits viele Vorteile gegenüber konventionellen Verfahren besitzt, ist das Potential des Verfahrens noch nicht ausgeschöpft. Wie bereits in der vorangegangenen Bewertung der Kalibrierverfahren beschrieben, erlaubt die indirekte Messung die Kalibrierung verschiedener Kinematiken, wenn ein gültiges Geometriemodell zugrunde gelegt werden kann. Die heute verfügbaren Algorithmen erlauben allerdings nur die Kalibrierung von Linearachsen. In Kapitel 6 – „Kalibrierung von Rotationsachsen" – werden neue Algorithmen vorgestellt, die von der Firma Etalon entwickelt wurden und am Werkzeugmaschinenlabor erstmalig validiert werden konnten.

Auch die Messzeit kann noch reduziert werden. Bislang wird die Messung einer Länge durch das Tracking-Interferometer über einen Stillstand des Reflektors am Messpunkt ausgelöst. Aufgrund der großen Anzahl an Messpunkten, die für eine vollständige Kalibrierung der Maschine erforderlich ist, trägt dieser Stillstand wesentlich zur Messzeit und somit zu den Stillstandskosten des Verfahrens bei. Durch eine kontinuierliche Messung während der unbeschleunigten Bewegung der Werkzeugmaschine kann die Messzeit signifikant reduziert werden. Allerdings ist die Position der Werkzeugmaschine in diesem Fall nicht mehr a priori bekannt und muss synchron zur Längenmessung des Tracking-Interferometers gemessen werden. Abweichungen von der Synchronizität gehen unmittelbar ins Messergebnis ein. In Kapitel 7 – „Kontinuierliche Kalibrierung“ – wird daher ein Verfahren zur Synchronisation der Werkzeugmaschine und eines LaserTracers vorgestellt und der Einfluss des Synchronizitätsfehlers auf der Messergebnis untersucht.

Im letzten Kapitel – „Effektivität und Effizienz der Kompensation“ werden erstmalig die Effektivität und die Effizienz der Kompensation geometrischer Fehlerparameter von Werkzeugmaschinen anhand eines Beispielprozesses wissenschaftlich bewertet.

5 Kalibrierung von Werkzeugmaschinen mit Tracking-Interferometern

Jedes Messergebnis unterliegt zufälligen und systematischen Abweichungen von dem als wahr angenommenen Wert. Diese Abweichung wird als Messunsicherheit bezeichnet [DIN1319; DIN13005] und hat vielfältige Ursachen, die nach PFEIFER in die 5 „M“ der Messtechnik kategorisiert werden können – den Menschen, das Messobjekt, die Methode, die Mitwelt und das Messsystem [PFEI01 S. 48].

Die notwendige Bedingung für die Kalibrierung von Werkzeugmaschinen ist, dass die Geometriefehler mit hinreichend geringer Messunsicherheit aufgenommen werden können. Die zulässige Unsicherheit resultiert aus der Dimension der systematischen Abweichungen der Werkzeugmaschine vor der Kompensation und den Anforderungen der Produktion an die Restunsicherheit nach der Kompensation. Um entscheiden zu können, ob ein Kalibrierverfahren geeignet ist, muss demnach dessen Unsicherheit bekannt sein [KNAPP02; ISO230-1]. Eine Möglichkeit zur Beurteilung der Messunsicherheit ist die Rückführung, die Durchführung von Messungen an Vergleichsnormalen, die wiederum über eine ununterbrochene Kette von Vergleichsnormalen an das nationale Normal angeschlossen sind [DIN9001 S. 29; ISO10012 S. 31f.; PFEI01 S. 394; DKD98].

Sowohl die Messung einer Koordinate als auch die Längenmessungen mit Lasertrackern sind nach heutigem Stand der Technik nicht rückgeführt. Die Messunsicherheit ist inhomogen im Messvolumen verteilt und von einer Vielzahl von Einflussgrößen abhängig. Trotz der Komplexität des Messsystems erfolgt die Angabe der Unsicherheit durch die Hersteller in der Regel entweder als Unsicherheit einer Koordinate oder als Unsicherheit der interferometrischen Längenmessung unter idealen Bedingungen. Diese vereinfachte Unsicherheitsabschätzung führt in der Regel zu einem Über- oder Unterschätzen der relativen Längenmessunsicherheit, die für die Kalibrierung von Werkzeugmaschinen nach dem Prinzip der sequentiellen Multilateration die relevante Unsicherheit darstellt [SCHM08b].

Bei der Kalibrierung von Werkzeugmaschinen mittels sequentieller Multilateration wird zusätzlich das Wissen über die Unsicherheit genutzt, um den Einfluss der einzelnen Längenmessungen auf das Ergebnis der Kalibrierung zu gewichten. Auch diese Abschätzung basiert auf einem vereinfachten Modell einer entfernungsabhängigen Unsicherheit der Längenmessung. Ergebnisse mit einer hohen Unsicherheit fließen mit geringem Gewicht in das Ergebnis der Kalibrierung ein. Eine Fehleinschätzung der Messunsicherheit hat somit einen direkten Einfluss auf die Unsicherheit des Kalibrierverfahrens. [SCHW09a]

Die Entscheidung, ob ein Lasertracker für die Kalibrierung einer Werkzeugmaschine eingesetzt werden kann, sowie die Gewichtung der Messergebnisse hängen somit beide von der Abschätzung der Unsicherheit der relativen Längenmessung ab. Diese Abschätzung basiert heute auf einem stark vereinfachten Modell des Lasertrackers.

Im Folgenden wird daher ein Modell zur Abschätzung der Messunsicherheit von Tracking-Interferometern entwickelt, das neben der optischen Stabilität des Reflektors und der Unsicherheit der interferometrischen Längenmessung zusätzlich die Geometriefehler von Lasertrackern und die Umgebungsbedingungen berücksichtigt. Dieses erweiterte Modell hilft bei der Entscheidung über die Eignung des Messsystems sowie bei der Entwicklung einer optimalen Messstrategie. Für die weiteren Untersuchungen wird folgende 0-Hypothese aufgestellt:

> *Die Unsicherheit der relativen Längenmessung von Tracking-Interferometern kann im Rahmen der Kalibrierung von Werkzeugmaschinen nach dem Prinzip der sequentiellen Multilateration nicht automatisiert abgeschätzt werden.*

Zu Widerlegung dieser 0-Hypothese wird im Folgenden ein metrologisches Modell des Kalibrierprozesses erstellt und die Unsicherheit der relativen Längenmessung mit Tracking-Interferometern mittels einer Software berechnet. Die allgemein anerkannte wissenschaftliche Grundlage für diese Abschätzung ist der „Guide to the Expression of Uncertainty in Measurement“ (GUM), welcher erstmals 1993 vom JCGM (Joint Committee for Guides in Metrology) veröffentlicht wurde. Die Abschätzung der Unsicherheit erfolgt in zwei Phasen:

1. der Modellierung des Unsicherheitsmodells und
2. der Berechnung der kombinierten Unsicherheit aus allen Einflussgrößen

Die Unsicherheitsbeiträge von Tracking-Interferometern sind in der Literatur ausführlich beschrieben [PTB09; WACH06; ESTL02; BPG01; PUTT78] Diese werden in den folgenden Abschnitten 5.1.1 bis 5.1.4 erstmalig zu einem umfassenden metrologischen Modell zur Kalibrierung von Werkzeugmaschinen zusammengeführt. Die Berechnung der kombinierten Unsicherheit kann analytisch, mittels quadratischer Varianzfortpflanzung oder numerisch erfolgen [COX06a; COXD81]. Die analytische Lösung und auch die quadratische Varianzfortpflanzung sind aufgrund der Komplexität des metrologischen Modells zu unflexibel und führen zum Teil zu einer Über- oder Unterschätzung der Messunsicherheit. Daher wird die kombinierte Unsicherheit gemäß des GUM Supplement 1 numerisch mittels der Monte-Carlo-Simulation berechnet [GUMS06].

5.1 Modellierung des Kalibrierverfahrens und der Tracking-Interferometer

Der Ausgangspunkt für die Modellierung des Kalibrierverfahrens und der Tracking-Interferometer ist die Identifizierung aller Einflussgrößen. Das Kalibrierverfahren und die Berechnung der Fehlerparameter aus der indirekten Messung werden ausführlich in verschiedenen Veröffentlichungen beschrieben [SCHW05; WEND03; WEND01; TRAP91; BUSC84]. Für die Beschreibung der Fehlerparameter von Tracking-Interferometern kann ebenfalls auf eine große Anzahl weiterer Literaturquellen zurückgegriffen werden. [MURA09; PTB09; KNIE07; ASMEB89; BPG01; LOSE01; SPIE97; SPIE94; HOF87]

Zur übersichtlichen Darstellung werden die Einflussgrößen in einem Ishikawa-Diagramm aufgeführt. Bild 5.1 zeigt eine Zusammenfassung der relevanten Einflussgrößen der Kalibrierung von Werkzeugmaschinen mit Tracking-Interferometern entlang der von PFEIFER beschriebenen 5 „M" der Messtechnik. Diese werden in den folgenden Abschnitten weiter erläutert.

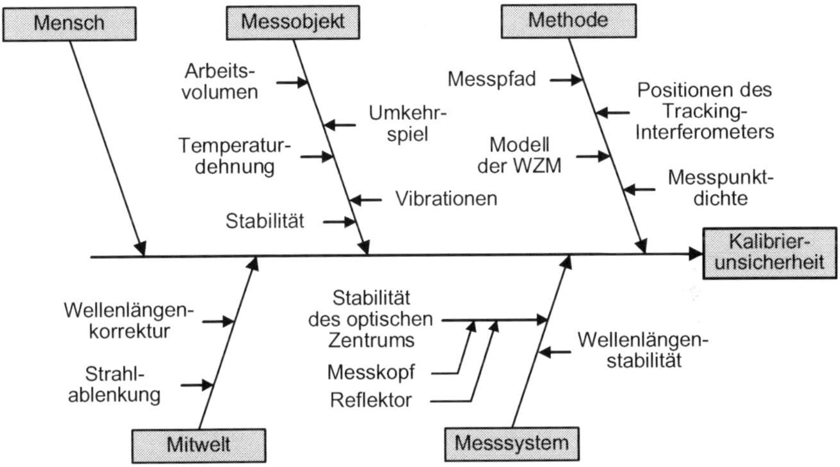

Bild 5.1: Einflussgrößen auf die Unsicherheit der Kalibrierung von Werkzeugmaschinen mit Tracking-Interferometern

Einige der Einflussgrößen sind nicht vorhersagbar und können nur bedingt simuliert werden. So muss davon ausgegangen werden, dass die Messung durch den Anwender mit der gebotenen Sorgfalt durchgeführt wird und die Erzeugung von Vibrationen in der Umgebung der Werkzeugmaschine während der Messung vermieden wird. Andere Einflussgrößen werden nicht erfasst, da diese ebenfalls im Vorfeld der Messung ausgeschlossen werden. So muss beispielsweise die Regelung der Spindel abgeschaltet und die Spindel fixiert werden, da sich Regelschwingungen auf den Reflektor übertragen und sich somit negativ auf die Messunsicherheit auswirken würden. Unter Berücksichtigung dieser Voraussetzung können diese Schwingungen aus dem Modell ausgeschlossen werden, ohne die Gültigkeit des Modells zu beeinflussen.

5.1.1 Messverfahren

Die Kalibrierung von Werkzeugmaschinen basiert auf einem vereinfachten Modell der Maschinenkinematik. Im Falle der Kalibrierung von Werkzeugmaschinen mit Tracking-Interferometern wird ein Starrkörpermodell genutzt. Dieses basiert auf der Annahme, dass die Kinematik der Maschine durch starre Achsen beschrieben werden kann, die über Gelenke miteinander verbunden sind. Durchbiegungen der Achsen können als Kombination eines Positionsfehlers und einer Rotation um die Gelenke interpretiert werden. Mathematisch wird das Starrkörpermodell durch Transformationen beschrieben, die als homogene Matrizen dargestellt werden.

Die Kalibrierung einer Werkzeugmaschine mittels sequentieller Multilateration basiert auf der Messung von Längendifferenzen eines maschinengeführten Reflektors, während dieser entlang eines definierten Pfades verfahren wird (Bild 5.2 a). Die gemessenen Längendifferenzen können mithilfe des Starrkörpermodells unter Berücksichtigung der Fehlerparameter beschrieben werden. Da die Messung aus mehreren Standpunkten durchgeführt wird (Bild 5.2 b), steht für die Lösung ein überbestimmtes Gleichungssystem zu Verfügung.

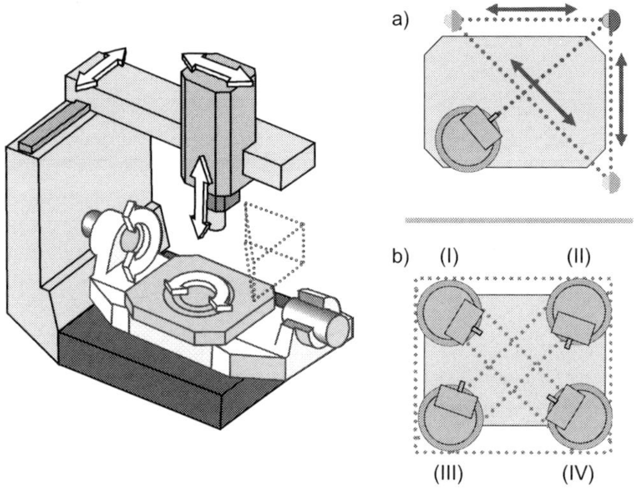

Bild 5.2: Messstrategie zur Kalibrierung von Linearachsen mit Tracking-Interferometern

Die Lösung dieses Gleichungssystems mit einem Best-Fit Algorithmus führt schließlich zu den Fehlerparametern. Die Güte der gefundenen Lösung kann abschließend über die Berechnung von Residuen bewertet werden. Diese repräsentieren den Widerspruch zwischen den gemessenen und den berechneten Längendifferenzen (vgl. Abschnitt 4.3.2).

Die Unsicherheit des Kalibrierverfahrens wird wesentlich durch das gewählte kinematische Modell der Werkzeugmaschine, die Anzahl und die Position der Standorte des Tracking-Interferometers, den Messpfad und die Messpunktdichte beeinflusst.

Kinematisches Modell der Werkzeugmaschine

Die Berechnung der Fehlerparameter beruht auf dem bereits erwähnten kinematischen Modell der Werkzeugmaschine. Diese Berechnung kann je nach Anzahl der der zu kalibrierenden Fehlerparameter mit einem Teilkörper oder einem Vollkörpermodell durchgeführt werden.

Das Teilkörpermodell umfasst sämtliche Fehlerparameter, die einen Einfluss auf die Position des maschinengeführten Reflektors haben, wenn dieser in direkter Verlängerung einer Achse geführt wird. Wird die Maschinenspindel beispielsweise von der z-Achse geführt, und befindet sich der Reflektor in direkter Verlängerung der Achse, führt ein Rollen der z-Achse *ECZ* zu keiner messbaren Längenänderung zwischen dem Reflektor und dem Tracking-Interferometer. Das Nicken *EAZ* und Gieren *EBZ* der Achse führt zwar zu einer Änderung der Position des Reflektors gegenüber dem Interferometer, der rotatorische Anteil dieser Positionsabweichung kann aber nur dann bestimmt werden, wenn die Messung über einen Hebelarm an zwei Punkten mit unterschiedlichem Versatz zur Achse durchgeführt wird. Das Vollkörpermodell umfasst alle Fehlerparameter der Werkzeugmaschine. Soll die Werkzeugmaschine nach dem Vollkörpermodell kalibriert werden, muss der Reflektor in zwei zusätzlichen Positionen mit einem Versatz zum Tool-Center-Point befestigt werden, um einen definierten Hebelarm für die Messung aller rotatorischen Abweichungen zu generieren.

Die Kalibrierung von Werkzeugmaschinen mit dem Vollkörpermodell führt zu einer geringeren Unsicherheit. Der Reflektor kann in der Regel nicht in direkter Verlängerung zu einer Achse befestigt werden. Somit fließen rotatorische Abweichungen wie das Rollen der Achse über diesen Versatz in das Messergebnis ein. Bei der anschließenden Lösung des Gleichungssystems wird dieser Einfluss allerdings nicht berücksichtigt und beeinflusst somit die Berechnung der restlichen Fehlerparameter. Die Unsicherheit der Reflektorposition gegenüber der Verlängerung der Achse kann bei der Berechnung der Unsicherheit der Kalibrierung berücksichtigt werden.

Messstrategie (Position Tracking-Interferometer & Messpfad)

Die Kalibrierung von Werkzeugmaschinen mittels sequentieller Multilateration basiert auf der Auswertung der Differenz von idealer zu gemessener Länge zwischen dem Reflektor und dem Interferometer. Die Geometriefehler können daher nur dann gemessen werden, wenn diese zu einer Änderung der interferometrisch gemessenen Länge führen. Geometriefehler, die zu einem Versatz des Reflektors senkrecht zur Normalen des Laserstrahls führen, können nur anteilig gemessen werden.

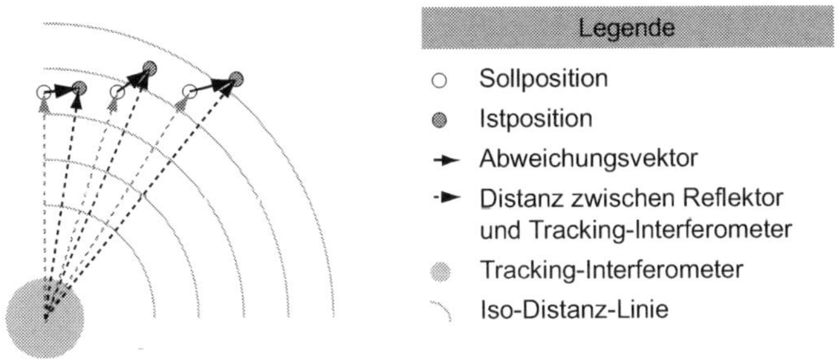

Bild 5.3: Empfindlichkeit der Messung in Abhängigkeit der Orientierung von Positionsfehler und Tracking-Interferometer

Die Empfindlichkeit des Verfahrens ist abhängig von der Orientierung des Fehlervektors relativ zum Laserstrahl (Bild 5.3). Die Messung muss daher aus verschiedenen Standpunkten des Tracking-Interferometers heraus wiederholt werden. Durch die verschiedenen Positionen entsteht ein Gitter aus Kugelschalen deren Abstand durch die Unsicherheit der Längenmessung festgelegt wird. Wird die Messung aus zwei Positionen wiederholt, ergibt sich eine ungleichförmige Empfindlichkeit der Messung. Nähert sich der Reflektor der Linie, die durch die beiden Tracking-Interferometer aufgespannt wird, nimmt die Empfindlichkeit der Messung ab. Um diesen Effekt auszugleichen, ist es erforderlich, mindestens eine dritte Position des Tracking-Interferometers einzuführen. Auf den dreidimensionalen Fall übertragen, muss die Messung aus mindestens vier Positionen durchgeführt werden, von denen eine Position oberhalb der Ebene angeordnet sein muss, die durch drei Tracking-Interferometer aufgespannt wird.

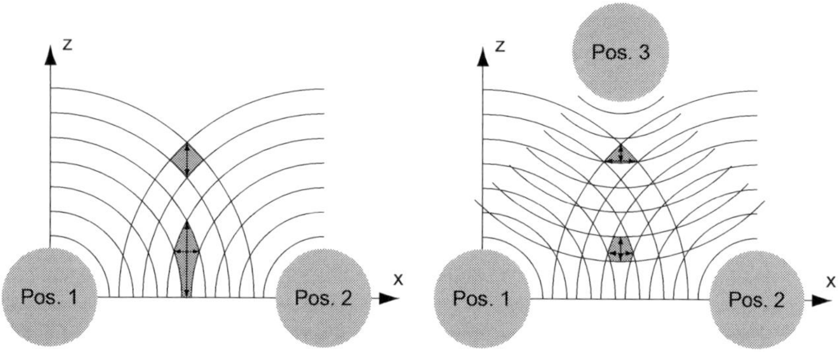

Bild 5.4: Empfindlichkeit der sequentiellen Multilateration in Abhängigkeit von der relativen Positionierung der Tracking-Interferometer im Messraum [HOF87 S.39]

Um die Abhängigkeit der gemessenen Fehlerparameter von der Position der Tracking-Interferometer zu minimieren, müssten diese mittig zur Verfahrachsen in möglichst großer Entfernung zum Messvolumen angeordnet werden. Da der Bauraum der Werkzeugmaschine dies nicht zulässt, wird das Tracking-Interferometer in einer Ecke des Maschinenvolumens positioniert, während der Reflektor entlang der gegenüberliegenden Seiten verfahren wird. Um die Anzahl der Messungen zusätzlich zu erhöhen, wird der abgefahrene Messpfad in der Regel um eine Diagonale ergänzt, die die beiden Längsseiten im Messvolumen miteinander verbindet. Im dreidimensionalen ergibt sich somit ein Prisma, das einmal im Vor- und einmal im Rücklauf abgefahren wird, so dass jeder Messpunkt im Volumen mehrfach gemessen wird. Die Differenz aus Vor- und Rücklauf dient zusätzlich zur Überwachung der erfolgreichen Messung.

Messpunktdichte

Ein weiterer, wichtiger Einfluss auf die Güte der Kalibrierung ist die Messpunktdichte. Unabhängig von der Unsicherheit des Messverfahrens und der gewählten Messstrategie beeinflusst die Messpunktdichte das Wissen über das Verhalten der Werkzeugmaschine. Ist sie zu gering, können lokale Positionsfehler nicht hinreichend aufgelöst werden. Eine Kompensation auf Basis interpolierter Messwerte kann zu einem gegenteiligen Effekt führen. Da sich das geometrische Verhalten einer Werkzeugmaschine in der Regel nicht sprunghaft ändert, hat sich in der Praxis ein Messpunktabstand von 10 bis 50 Millimeter etabliert.

Der Einfluss der Messpunktdichte auf die Unsicherheit der Kalibrierung kann nicht modelliert werden, da keine Informationen über die nicht gemessenen Positionen vorliegen. Es ist daher erforderlich, die Messpunktdichte zu steigern, um die Datenbasis für die Kompensation zu erhöhen. Da die Messdauer der statischen Kalibrierung mit steigender Messpunkdichte stark ansteigt, soll die Messung zukünftig kontinuierlich bei bewegtem Reflektor erfolgen (vgl. Kapitel 7).

5.1.2 Messsystem

Tracking-Interferometer sind optische Messsysteme, mit denen relative Längenänderungen zwischen einem Reflektor und einem Interferometer nach dem Prinzip der Interferenz gemessen werden können. Der Begriff Tracking ist aus dem englischen übernommen und bedeutet verfolgen. Tracking-Interferometer verfügen über einen Mechanismus zur automatischen Nachführung des Laserstrahls auf das Zentrum eines Reflektors. Die Unsicherheit der Längenmessung von Tracking-Interferometern wird durch die Unsicherheit der interferometrischen Längenmessung, die Stabilität des optischen Drehzentrums und den eingesetzten Reflektor beeinflusst. Die Stabilität des optischen Zentrums hat im Nahbereich den größten Einfluss auf die Unsicherheit der Längenmessung und führt zu einer inhomogenen Verteilung der Messunsicherheit im Messvolumen. Ergänzend zur optischen Längenmessung werden mit dem Messsystem die Temperatur, der Luftdruck und die Luftfeuchte aufgenommen, um die aktuelle Wellenlänge zu berechnen. Der Einfluss der Wellenlängenkorrektur wird in der gewählten Systematik der Mitwelt zugeordnet (Abschnitt 5.1.3).

Wellenlängenstabilität der interferometrischen Längenmessung

Die interferometrische Längenmessung basiert auf dem Prinzip der Interferenz elektromagnetischer Wellen, das bereits von MICHELSON und MORLEY 1881 zur Validierung der Äther-Theorie genutzt und später als ein Prinzip zur Realisierung eines Längenstandards vorgestellt wurde [MICH27 S. 20ff., S. 46ff.; MICH88; MICH86, MICH81]. Während MICHELSON und MORLEY noch eine Natriumdampflampe zur Erzeugung elektromagnetischer Wellen einsetzten, basiert die Längenmessung mit modernen Interferometern auf der Nutzung von Laserstrahlung, die erstmalig 1960 von MAIMAN beschrieben wurde [MAIM60]. Das Laserlicht hat gegenüber anderen Lichtquellen den Vorteil, dass seine Strahlen über eine annähernd konstante Wellenlänge verfügen (monochromatisch), die Phasenlage der Wellenlänge nahezu konstant ist (Kohärenz) und die Strahlen über die Distanz nur in geringem Maße divergieren. Zur Längenmessung wird der Laserstrahl in einen Referenz- und in einen Messstrahl aufgeteilt (Bild 5.5).

Während der Abstand zwischen dem Referenzspiegel und dem Strahlteiler konstant ist, ist der Messspiegel beweglich. Von beiden Spiegeln wird der Laserstrahl reflektiert und über den Strahlteiler auf einen Detektor umgelenkt. Hier interferieren beide Teilstrahlen: Je nach Phasenlage der elektromagnetischen Wellen verstärken sich diese oder löschen sich gegenseitig aus. Wird nun der Messspiegel bewegt, verändert sich die Phasenlage, so dass am Detektor ein Sinussignal entsteht, dessen Wellenlänge der Hälfte der Wellenlänge des eingesetzten Laserlichts entspricht.

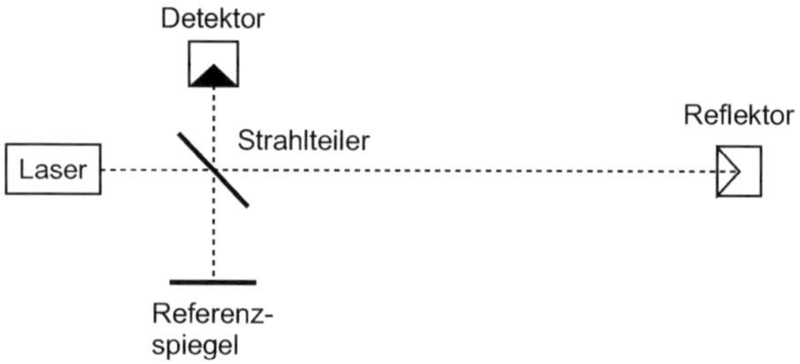

Bild 5.5: Michelson-Interferometer [MICH27 S. 20 f.]

Aufgrund der guten Kohärenzeigenschaften werden für interferometrische Messungen überwiegend Helium-Neon-Laser verwendet, deren Wellenlänge im Vakuum 632,991 Nanometer beträgt. Diese Wellenlänge unterliegt bereits geringen Schwankungen, die sich auf die Unsicherheit der Längenmessung auswirken [DONG93; VDI89]

Stabilität des optischen Zentrums der Strahlführung

Im Gegensatz zu einem konventionellen Interferometer verfügt das Tracking-Interferometer über einen Mechanismus zur automatischen Nachführung des Laserstrahls auf das Zentrum eines Reflektors, der es ermöglicht, den Reflektor auch lateral zum Laserstrahl zu bewegen, ohne den Strahl zu unterbrechen (Tracking: engl.: Folgen, verfolgen). Für eine präzise Längenmessung ist es entscheidend, dass das optische Zentrum der Nachführung stabil ist. [MURA09; ZHUA92]

Strahlführungsmechanismen

Heute existieren verschiedene Mechanismen, mit denen die Strahlführung realisiert wird. Diese können nach ihrer Bauform unterteilt werden in die direkte Strahlführung durch das optische Drehzentrum (Bild 5.6), die Strahlablenkung über einen kardanisch gelagerten Spiegel (Bild 5.7) sowie die Reflexion des Messstrahls an einer Präzisionskugel (Bild 5.8).

Die Strahlführung kann in allen Fällen als eine Erweiterung des konventionellen Interferometers beschrieben werden. Bild 5.6 zeigt den Strahlengang eines Tracking-Interferometers mit direkter Strahlführung durch das optische Zentrum. Der Laserstrahl wird über einen Strahlteiler in einen Referenz- und einen Messpfad aufgeteilt. Während der Referenzstrahl über einen fest stehenden Spiegel auf den Detektor reflektiert wird, trifft der Messstrahl auf einen frei beweglichen Reflektor. Der reflektierte Messstrahl dient einerseits der interferometrischen Längenmessung, andererseits wird er über einen weiteren Strahlteiler auf eine positionssensitive Diode umgelenkt. Wird der Reflektor lateral zum Messstrahl bewegt, trifft der reflektierte Messstrahl mit einem Versatz auf die PSD, deren Signal zur Nachregelung des Messstrahls genutzt wird. Die Orientierung des Messstrahls wird nach den heute verfügbaren Bauformen über ein kardanisch gelagertes Interferometer oder über einen kardanisch gelagerten Lichtleiter mit fest stehendem Interferometer gesteuert.

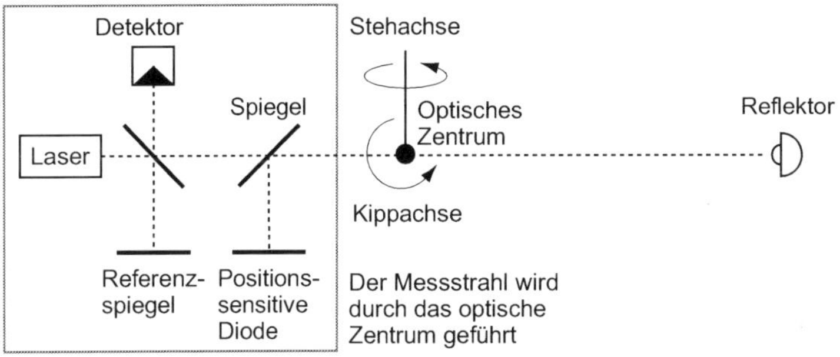

Bild 5.6: Strahlführung durch das optische Zentrum [PTB09]

Eine weitere Möglichkeit zur Strahlführung ist die Ablenkung des Messstrahls über einen kardanisch gelagerten Spiegel (Bild 5.7). Der Aufbau dieses Tracking-Interferometers ist weitgehend vergleichbar mit der direkten Strahlführung durch das optische Drehzentrum.

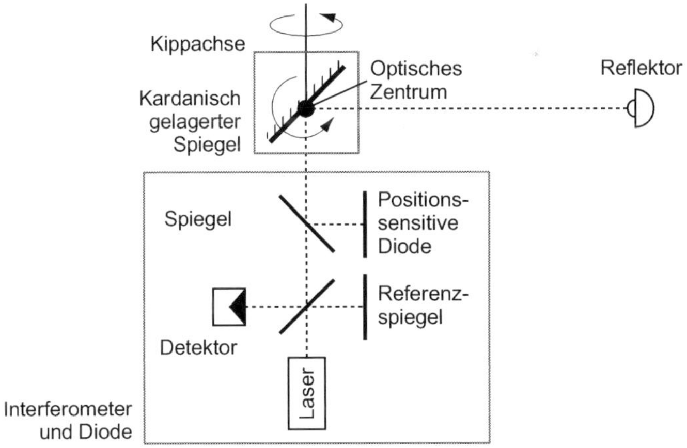

Bild 5.7: Strahlablenkung durch einen kardanisch gelagerten Spiegel [ZHUA03; BPG01; ZHUA95; ZHUA94]

Im optischen Zentrum befindet sich abweichend ein kardanisch gelagerter Spiegel, über den der Laserstrahl abgelenkt wird. Entsprechend wirken sich die geometrischen Fehler der Rotationsachsen anders auf die Längenmessung aus als bei der direkten Strahlführung durch das optische Zentrum [ZHUA03; BPG01; ZHUA95; ZHUA94].

In beiden Fällen, der direkten Strahlführung durch das optische Drehzentrum sowie der Ablenkung des Messstrahls über einen kardanisch gelagerten Spiegel, verläuft der Messstrahl vom Reflektor über das optische Zentrum zum Interferometer. Eine Veränderung der Distanz zwischen dem Interferometer und dem optischen Drehzentrum oder eine veränderte Lage des optischen Drehzentrums führt somit unmittelbar zu einem Fehler in der gemessenen Länge. Die Stabilität des optischen Zentrums wird wiederum durch die Fehler der Rotationsachsen bestimmt und ist abhängig von der Position des Reflektors im Kugelkoordinatensystem des Tracking-Interferometers.

Um den Effekt der Rotationsachsen auf die Stabilität des optischen Zentrums zu minimieren, wurde vom National Physical Laboratory (NPL) ein weiterer Nachführmechanismus entwickelt [HUGH00; HUGH99]. Im Zentrum des neuen Mechanismus steht eine hochpräzise gefertigte Kugel mit einer Formabweichung von weniger als 50 Nanometern. Der Laserstrahl wird über einen Strahlteiler auf einen Detektor und den Reflektor gelenkt. Der reflektierte Messstrahl wird anschließend von der Oberfläche der Referenzkugel reflektiert und mit dem Referenzstrahl auf dem Detektor zur Interferenz gebracht [SCHM09d; KNIE07; SCHW05; HUGH00]. Während die Referenzkugel starr angeordnet ist, ist das Interferometer kardanisch gelagert und wird zur Nachführung des Laserstrahls um die Kugel herum geführt. Durch die Anordnung des Interferometers zwischen dem optischen Drehzentrum und dem Reflektor führt eine Änderung des Abstands zwischen dem Interferometer und dem Zentrum nicht zu einem Fehler in der Längenmessung.

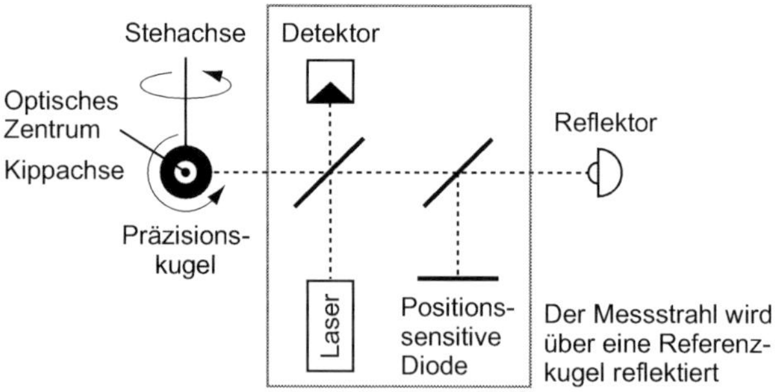

Bild 5.8: Strahlreflexion an einer Präzisionskugel [SCHM09d; KNIE07; SCHW05; HUGH00]

Die Fehler der Rotationsachsen haben einen entsprechend geringeren Einfluss. Bild 5.9 zeigt exemplarisch den Einfluss eines Versatzes zwischen der Stehachse und dem Zentrum der Referenzkugel auf die Längenmessung. Wird der Reflektor auf einer perfekten Kreisbahn um das optische Zentrum bewegt, führt die exzentrische Anordnung der Kippachse zu einer Distanzänderung zwischen dem Interferometer und der Referenzkugel (Bild 5.9, links). Dieser Fehler entspricht einer Verschiebung des Interferometers von dem Abstand l_2 zum Abstand l_3, während der Reflektor nicht bewegt wird (Bild 5.9, rechts). Dies entspricht einer Verschiebung der Referenzstrecke, die keinen Einfluss auf die Längenmessung hat.

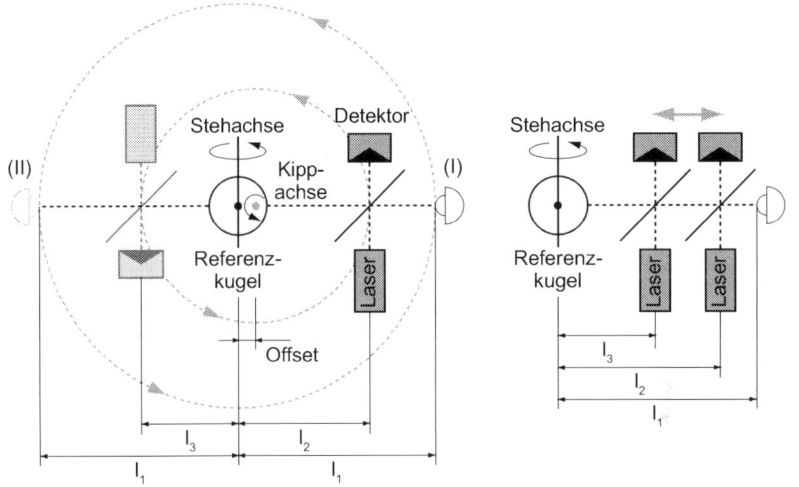

Bild 5.9: Einfluss der Distanzänderung zwischen dem Interferometer und dem optischen Drehzentrum

Wird der Reflektor in Bild 5.9 um 90° gegenüber der Position I um die Referenzkugel herum geführt kommt es durch den Versatz zwischen der Kugel und der Kippachse zusätzlich zu einem lateralen Versatz des Laserstrahls. Ein lateraler Versatz von wenigen Mikrometern auf der Kugeloberfläche führt zu einer Längendifferenz von wenigen Nanometern und kann dementsprechend auch vernachlässigt werden.

Fehlerparameter der Strahlführung

Die Messunsicherheit von Tracking-Interferometern wird durch sämtliche Komponenten beeinflusst, die für die Nachführung des Laserstrahls genutzt werden, die kardanisch angeordneten Rotationsachsen, den kardanisch gelagerten Spiegel, die Lage und Form der Präzisionskugel sowie die Positionssensitive Diode. Allerdings führen nicht alle Fehlerparameter zu einem Fehler in der Längenmessung. Die positionssensitive Diode beeinflusst die Orientierung des Laserstrahls. Kleine Fehler in der Ausrichtung des Laserstrahls auf das Zentrum des Reflektors führen zu minimalen Längenänderungen, die vernachlässigt werden können [KNIE07]. Die Fehler der Rotationsachsen und der optischen Elemente werden im Folgenden näher untersucht. Die Fehlerparameter der Rotationsachsen werden in der Literatur ausführlich beschrieben [MURA09; PTB09; ZHUA03; BPG01; ZHUA95; ZHUA94; ZHUA92].

Der Ausgangspunkt für die Modellierung der Rotationsachsen ist die Annahme einer idealen Stehachse. Die Position und Orientierung der Stehachse definiert die Lage des Kugelkoordinatensystems im Messvolumen. Die Einführung der Kippachse relativ zur Stehachse führt zu den ersten beiden Geometriefehlern (Bild 5.10), dem Versatz der Kippachse gegenüber der Stehachse (Transit Axis Offset, TAO) sowie der Abweichung der Rechtwinkligkeit der Achsen zueinander (Transit Axis Tilt, TAT).

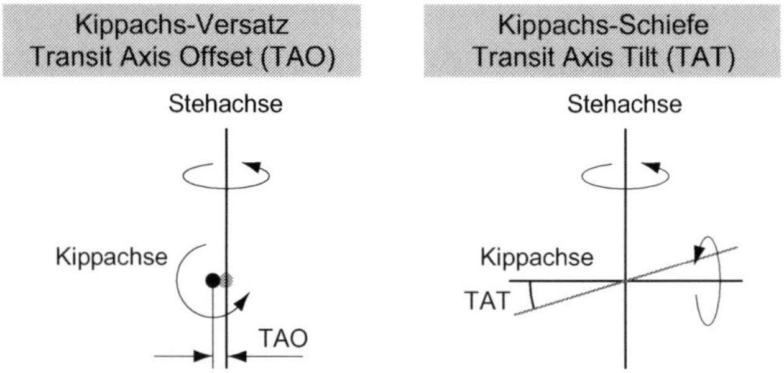

Bild 5.10: Geometriefehler der Achsen (Kippachs-Versatz und Kippachs-Schiefe)

Wird zusätzlich der Laserstrahl modelliert, so kommt zu den Achsfehlern noch die fehlerhafte Position und Orientierung des Laserstrahls relativ zum optischen Drehzentrum bzw. zur Stehachse: der Laserstrahl-Versatz (Beam Axis Offset, BAO) und die Laserstrahlneigung (Beam Axis Tilt, BAT). Bei einem kardanisch gelagerten Spiegel führt ein Abstand oder ein Winkel zwischen der Spiegeloberfläche und der Drehachse zusätzlich zu den Fehlerparametern Spiegel-Versatz (Mirror Offset, MO) und Spiegel-Neigung (Mirror Tilt, MT) (Bild 5.11).

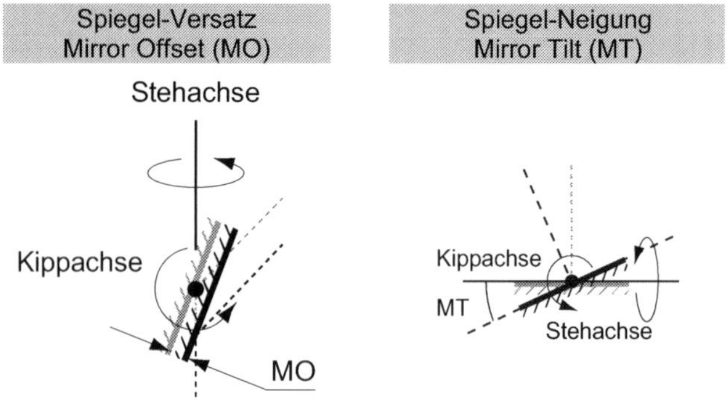

Bild 5.11: Geometriefehler des kardanisch gelagerten Spiegels (Spiegel-Versatz und Spiegel-Neigung)

Wird der Strahl an der Oberfläche einer Präzisionskugel reflektiert, führen der axiale und der laterale Abstand der Präzisionskugel gegenüber den Drehachsen zu einem Längenfehler (Bild 5.12), der von der Formabweichung der Kugel überlagert wird. Die Formabweichung führt zu einem maximalen Längenfehler von 50 Nanometern.

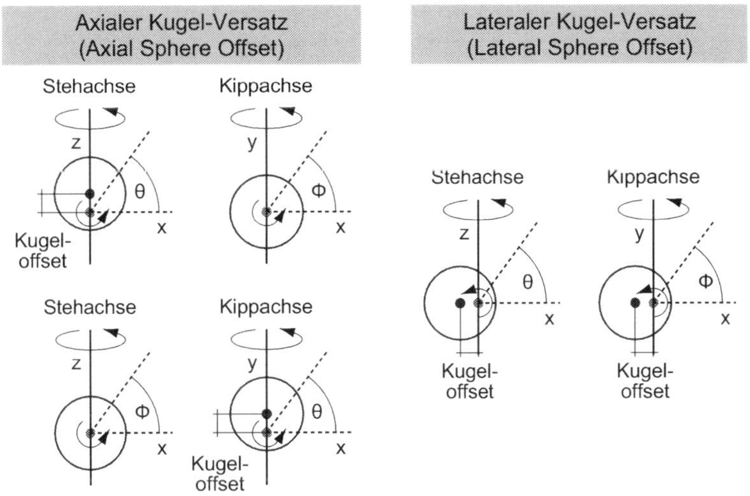

Bild 5.12: Geometriefehler der Präzisionskugel [SCHM09d, SCHW09]

Um den Einfluss der Fehlerparameter auf die Längen- und Winkelmessung abzuschätzen, wird der Strahlengang inklusive aller optischen Elemente in einer Software nachgebildet (Bild 5.13).

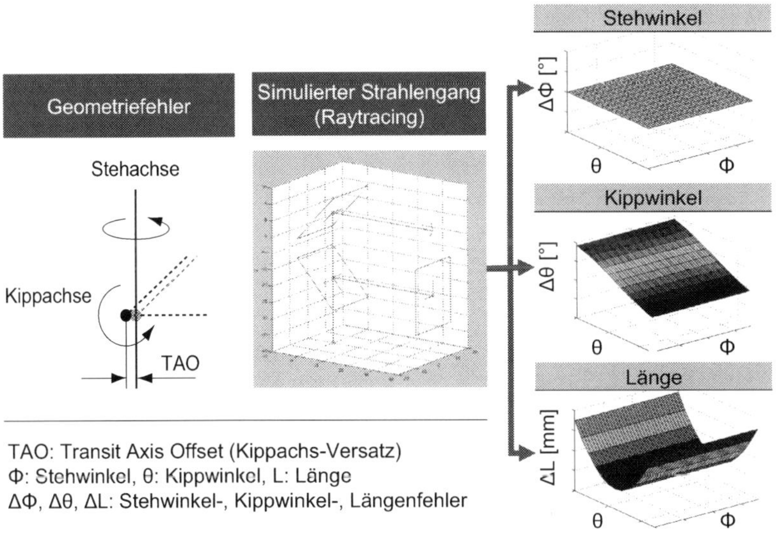

Bild 5.13: Analyse des Einflusses der Geometriefehler auf die Längen- und Winkelmessung mit Tracking-Interferometern (Beispiel: Transit Axis Offset, TAO)

Die Spiegel, der Reflektor sowie die Positionssensitive Diode werden als Ebenen über einen Normalenvektor sowie einen Fußpunktvektor beschrieben und über homogene Transformationen zueinander positioniert. Der Strahlengang inklusive aller Reflexionen wird mittels geometrischer Strahlverfolgung (Skew-Ray-Tracing) nachgebildet (siehe Anhang A). Die Einflussanalyse erfolgt durch eine Berechnung des gemessenen Längen- und Winkelfehlers in Abhängigkeit der Position des Reflektors im Messvolumen.

Bild 5.13 zeigt exemplarisch die berechneten Fehler für den Stehwinkel, den Kippwinkel und die Längenmessung für einen kardanisch gelagerten Spiegel unter der Annahme eines konstanten Kippachs-Versatzes und einem Abstand des Reflektors zum optischen Zentrum von einem Meter. Es wird deutlich, dass der Geometriefehler zu einer anisotropen Verteilung der Messunsicherheit im Messvolumen führt. Während der Stehwinkel durch den Kippachs-Versatz nicht beeinflusst wird, führt dieser zu einem nahezu linearen Anstieg des Kippwinkelfehlers in Abhängigkeit vom Kippwinkel.

Tabelle 5.1: Einfluss der Geometriefehler der Strahlführung auf die Längen- und Winkelmessung mit Tracking-Interferometern

			Einfluss auf*		
	Fehlerparameter		Θ	Φ	D
Strahlführung durch das optische Zentrum					
1	Kippachs-Versatz (Transit Axis Offset)	TAO		●	●
2	Kippachs-Schiefe (Transit Axis Tilt)	TAT	●	●	
3	Laserstrahl-Versatz (Beam Axis Offset)	BAO	●	●	
4	Laserstrahl-Neigung (Beam Axis Tilt)	BAT	●	●	
Zusätzliche Fehlerparameter des kardanisch gelagerten Spiegels					
5	Spiegel-Versatz (Mirror Offset)	MO		●	●
6	Spiegel-Neigung (Mirror Tilt)	MT	●	●	
Zusätzliche Fehlerparameter der Präzisionskugel					
7	Axialer Kugel-Versatz (Axial Sphere Offset)	ASO			●
8	Lateraler Kugel-Versatz (Lateral Sphere Offset)	LSO			●
9	Formabweichung der Kugel (Sphere Shape Deviation)	SSD			●

* Θ: Kippwinkel, Φ: Stehwinkel, d: Distanz, •: Es gibt einen Einfluss

Die Längenmessung ist ebenfalls vom Kippwinkel abhängig. Der Längenfehler verläuft parabelförmig. Das Ergebnis der Analyse für sämtliche Fehlerparameter ist in Tabelle 5.1 zusammengefasst. Es zeigt sich, dass nur ein geringer Teil der Fehlerparameter Auswirkungen auf die Unsicherheit der Längenmessung hat. Diese Ergebnisse stimmen mit den Untersuchungen der PTB und des National Institute of Standards and Technology (NIST) überein [PTB09; MURA09].

Da die Kalibrierung von Werkzeugmaschinen mittels sequentieller Multilateration auf der Messung relativer Längenänderungen basiert, werden die Fehlerparameter, die sich auf die Winkelmessung auswirken, in den weiteren Betrachtungen ausgespart. Analysiert wird im Folgenden der relative Längenfehler in Abhängigkeit des Strahlführungsmechanismus, der Dimension des Fehlers sowie der Position des Reflektors im Messvolumen.

Wird der Laserstrahl direkt durch das optische Zentrum geführt oder über einen kardanisch gelagerten Spiegel abgelenkt, führt ein Versatz zwischen der Kippachse und der Stehachse zu einem Längenfehler in Abhängigkeit vom Zenitwinkel des Reflektors im Kugelkoordinatensystem des Tracking-Interferometers (Bild 5.14). Im Zenitwinkel entspricht ein senkrecht nach oben orientierter Laserstrahl einem Winkel von 0°, ein horizontal ausgerichteter Strahl einem Winkel von 90°. Der relative Längenfehler aufgrund des Kippachs-Versatzes wird bei einer direkten Strahlführung durch das optische Zentrum bei einem Zenitwinkel von 90° minimal und steigt an, sobald der Laserstrahl nach oben oder unten ausgelenkt wird (Bild 5.14, links). Im Gegensatz dazu wird der Längenfehler bei einem kardanisch gelagerten Spiegel bei einer Winkelposition von 90° maximal (Bild 5.14, rechts).

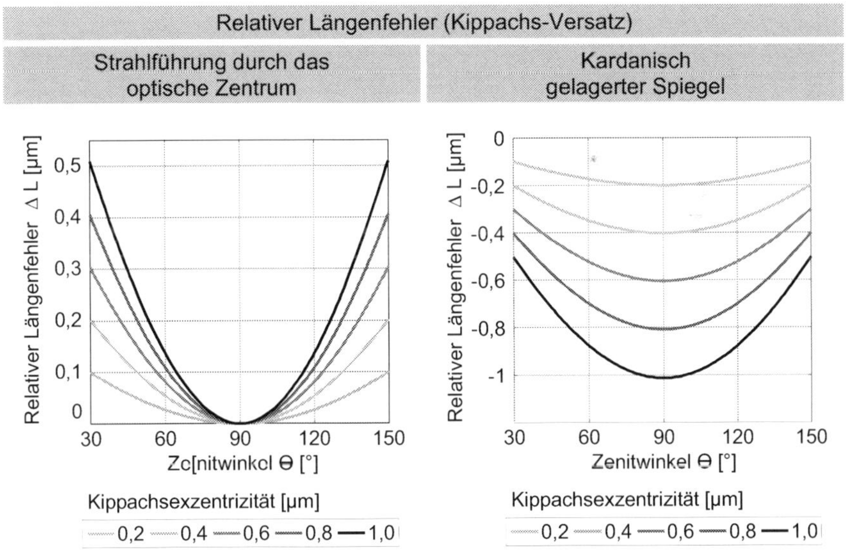

Bild 5.14: Einfluss des Kippachs-Versatzes auf die Unsicherheit der Längenmessung von Tracking-Interferometern

Bei beiden Strahlführungsmechanismen steigt der Fehler mit zunehmender Exzentrizität an. Negative Werte der Exzentrizität führen zu einer Umkehrung des Vorzeichens in den dargestellten Grafiken. Bei einer Reflexion des Laserstrahls an einer Präzisionskugel führt der Kippachs-Versatz zu keinem Längenfehler.

Die Abbildung verdeutlicht, dass ein Versatz zwischen der Kippachse und der Spiegelachse je nach Strahlführungsmechanismus unterschiedliche Auswirkungen hat. Die Höhe des Fehlers lässt allerdings keinen Rückschluss auf die Güte der Längenmessung des jeweiligen Tracking-Interferometers zu. Die Geometriefehler werden vor der Messung durch eine Kalibrierung bestimmt und die Messung numerisch korrigiert. Die Restabweichung dieser Korrektur fließt schließlich in das Unsicherheitsbudget der Längenmessung ein. Zusätzlich zum Kippachs-Versatz führt gemäß Tabelle 5.1 beim kardanisch gelagerten Spiegel ein Versatz zwischen dem Spiegel und der Kippachse (Spiegel-Versatz) zu einem Längenfehler. Bild 5.15 zeigt die Auswirkungen dieses Fehlers auf die Längenmessung in Abhängigkeit vom Zenitwinkel.

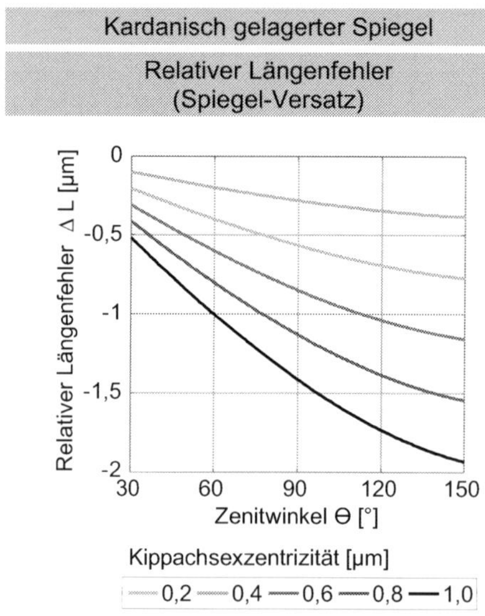

Bild 5.15: Einfluss der Spiegelexzentrizität auf die Unsicherheit der Längenmessung von Tracking-Interferometern mit kardanisch gelagertem Spiegel

Wird der Laserstrahl an einer Präzisionskugel reflektiert, führen Fehler der Rotationsachsen zueinander nicht direkt zu einem Längenfehler. Durch einen Versatz der Achsen gegenüber der Präzisionskugel kann der Laserstrahl jedoch nicht mehr in jeder Winkelstellung auf das optische Drehzentrum fokussiert werden (Bild 5.12). Es kommt zu einem lateralen Versatz des Laserstrahls auf der Kugeloberfläche. Die Auswirkungen eines Versatzes von 10 Mikrometern zeigt Bild 5.16 für eine Referenzkugel mit einem Durchmesser von 25,4 Millimetern. Unterschieden wird zwischen einem Versatz der Referenzkugel entlang der Steh- und der Kippachse (Bild 5.16, links) sowie senkrecht zu den beiden Rotationsachsen (Bild 5.16, rechts). Aufgrund der Krümmung der Kugeloberfläche ist der resultierende Längenfehler mit unter einem Nanometer vernachlässigbar klein. Aufgrund des geringen Einflusses der geometrischen Fehlerparameter auf die Längenmessung eignet sich die Reflexion des Laserstrahls an einer Referenzkugel besonders für die Kalibrierung von Werkzeugmaschinen mittels sequentieller Multilateration.

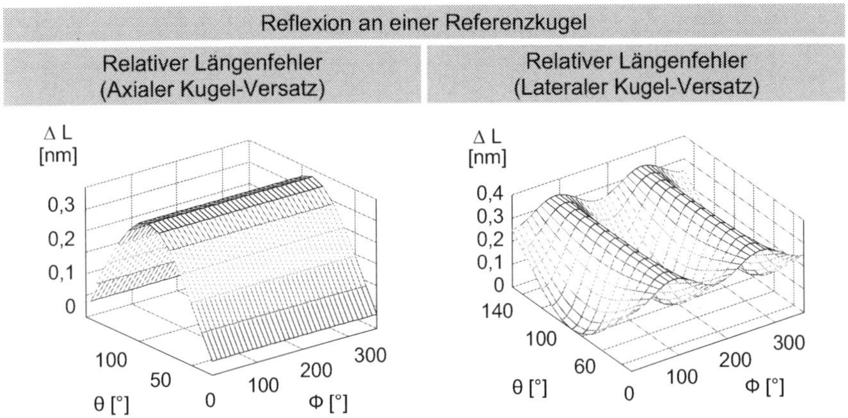

Bild 5.16: Einfluss der Exzentrizität der Referenzkugel auf die Unsicherheit der Längenmessung von Tracking-Interferometern

Experimentelle Ermittlung der Geometriefehler

Die Geometriefehler des Messsystems werden von den Herstellern durch eine Kalibrierung des Messsystems im Vorfeld der Messung bestimmt und kompensiert. Die Restunsicherheit dieser Kompensation fließt als Störgröße in das Unsicherheitsbudget der Längenmessung ein. Um die Restunsicherheit der Kompensation messen und somit den Einfluss der Geometriefehler auf das Messergebnis abschätzen zu können, müssen zusätzliche Kalibriermessungen durchgeführt werden.

Eine Möglichkeit zur Messung des Kippachs-Versatzes ist die Zwei-Lagen-Messung oder auch Front-Side/ Back-Side Messung (Bild 5.17). Die Zwei-Lagen-Messung basiert auf der Fähigkeit des Tracking-Interferometers, den Laserstrahl in zwei verschiedenen Winkelstellungen auf den gleichen Messpunkt umzulenken. Die zweite Winkelstellung ist gegenüber der ersten Messung um 180° gedreht. Durch diese Art der Messung können verschiedene Geometriefehler wie der Kippachs-Versatz aus den Ergebnissen der Längen- oder auch der Winkelmessung abgeleitet werden. Die Vorteile der Zwei-Lagen-Messung sind, dass sie keine Kalibrierunsicherheit besitzt, die aus der Realisierung des Normals resultieren würde, da der Referenzpunkt nicht bewegt wird, und dass die Messung automatisiert durchgeführt werden kann. Auch ein Drift der Reflektorposition wirkt sich nicht auf das Messergebnis aus, da die Vergleichsmessung innerhalb weniger Sekunden durchgeführt werden kann und die Position in der Regel während dieser Zeit stabil bleibt. Der einzige Unsicherheitseinfluss, der sich auf die Bestimmung der Geometriefehler auswirkt, ist die Unsicherheit der Längenmessung des Tracking-Interferometers, die unabhängig von den Geometriefehlern auftritt. Diese geht direkt als Unsicherheit in die Ermittlung der Geometriefehler ein [SAWY02; CLAR01; CLAR00; SPIE97]. Befindet sich der Reflektor auf Höhe des optischen Zentrums, kann der Kippachs-Versatz *TAO* direkt aus der Hälfte der Differenz der Längenmessungen d_i aus der ersten und der zweiten Lage berechnet werden (Gleichung 1).

$$TAO = \frac{|d_2 - d_1|}{2} \qquad (1)$$

Um die Unsicherheit der Messung zu reduzieren, wird die Zwei-Lagen-Messung an verschiedenen Messpunkten im Messvolumen des Tracking-Interferometers wiederholt. Hierfür werden mehrere Reflektoren in einem definierten Abstand *D* vom Tracking-Interferometer entlang einer Linie angeordnet (Bild 5.17). Die Messungen zeigen, dass der Kippachs-Versatz während einer Messreihe weitgehend konstant bleibt. Wird das Tracking-Interferometer umgestellt oder neu initialisiert, variiert der Versatz zwischen einem und vier Mikrometern. Dies entspricht den Angaben der Hersteller, die für den Kippachs-Versatz eine Fehlergrenze von zehn Mirkometern angeben.

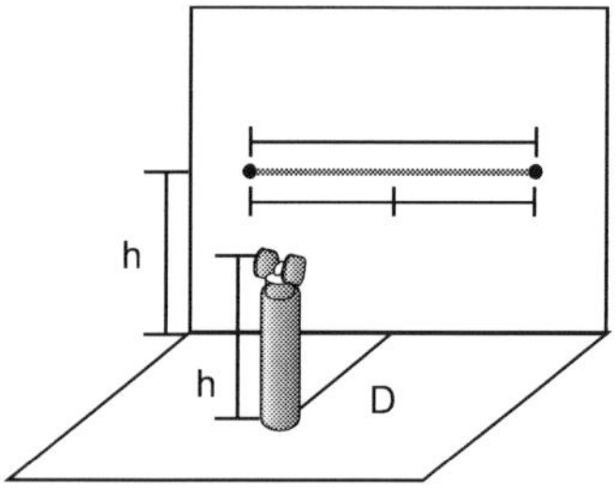

Bild 5.17: Zwei-Lagen-Messung zur Ermittlung des Kippachs-Versatzes

Bei Tracking-Interferometern mit kardanisch gelagertem Spiegel werden die gemessenen Längen der Zwei-Lagen-Messung sowohl durch den Kippachs-Versatz als auch den Spiegel-Versatz beeinflusst. Die beiden Geometriefehler lassen sich daher nicht getrennt voneinander ermitteln. Für die folgende Abschätzung der kombinierten Unsicherheit der relativen Längenmessung (Abschnitt 5.2) wird daher auf Herstellerangaben zurückgegriffen. Demnach können durch die Kompensation der Geometriefehler Fehlergrenzen von 10 Mikrometern für beide Parameter eingehalten werden.

Stabilität des optischen Zentrums des Reflektors

Das optische Zentrum des Reflektors repräsentiert während der Kalibriermessung den Tool-Center-Point der Werkzeugmaschine. Die Stabilität des optischen Zentrums ist abhängig von der Art des Reflektors und dem Einfallswinkel des Laserstrahls. Während der Messung aus einer Position des Tracking-Interferometers kann der Reflektor nicht gedreht werden, da eine Drehung unmittelbar zu einer Verschiebung des optischen Zentrums gegenüber dem Tool-Center-Point (TCP) führt. Um dennoch den Laserstrahl aus jeder Position reflektieren zu können, muss der Reflektor über einen großen Öffnungswinkel verfügen. Nach aktuellem Stand der Technik sind vier Reflektortypen verfügbar, die für die Kalibrierung von Werkzeugmaschinen eingesetzt werden können: der Tripelspiegel, das Tripelprisma, der Kugelschalenreflektor (Cat's Eye) und der n=2 Reflektor. [KNIE07; LOSE01, LOSE01]

Der Tripelspiegel ist aufgrund seines geringen Gewichts und der einfachen Handhabbarkeit der am häufigsten eingesetzte Reflektortyp für geometrische Messaufgaben (Bild 5.18). Er besteht aus drei hochgenau gefertigten Planspiegeln, die rechtwinklig zueinander angeordnet sind und den einfallenden Laserstrahl unabhängig vom Einfallswinkel (maximal ±25°) parallel zu sich selbst reflektieren [LOSE01]. Aufgrund des geringen Öffnungswinkels eignet sich der Tripelspiegel allerdings nur bedingt für die Kalibrierung von Werkzeugmaschinen.

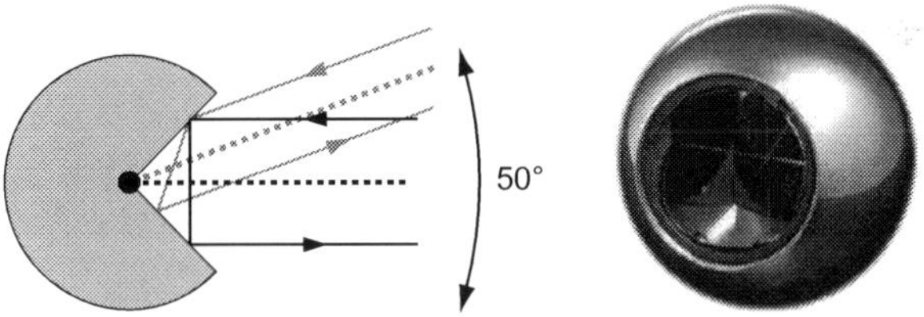

Bild 5.18: Tripelspiegel

Das Tripelprisma besteht aus einem Prisma, das in Analogie zum Tripelspiegel durch drei senkrecht zueinander orientierte Flächen die Ecke eines Würfels bildet (Bild 5.19). Der theoretische Öffnungswinkel ist aufgrund der Brechung des Lichts durch das Prisma mit ±50° weitaus größer als beim Tripelspiegel, muss aber aufgrund der Abhängigkeit der Längenmessunsicherheit vom Einfallswinkel durch eine Blende auf ±25° beschränkt werden [MARK04]. Das Tripelprisma eignet sich demnach ebenfalls nur bedingt für die Kalibrierung von Werkzeugmaschinen.

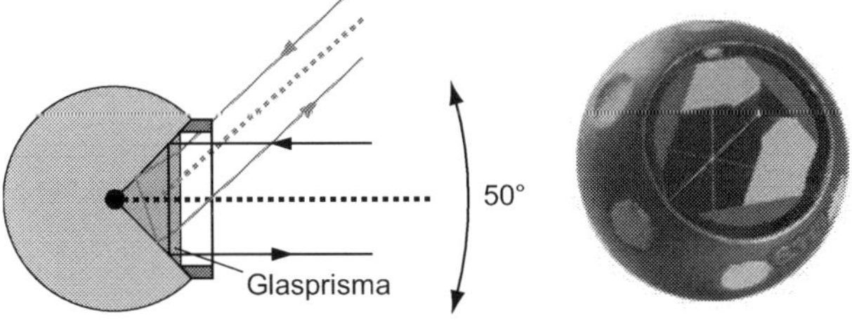

Bild 5.19: Tripelprisma

Ein weiterer gebräuchlicher Reflektortyp ist der Kugelschalenreflektor (Cat's Eye), der aus zwei gläsernen Halbkugeln besteht. Über die erste Kugelschale wird der Laserstrahl auf die Rückseite der zweiten Kugelschale fokussiert und dort an einer verspiegelten Oberfläche reflektiert. (Bild 5.20). Der große Vorteil dieses Reflektors gegenüber dem Tripelspiegel liegt in seinem deutlich größeren Öffnungswinkel von ±60°. [LOSE01; ZURC95]

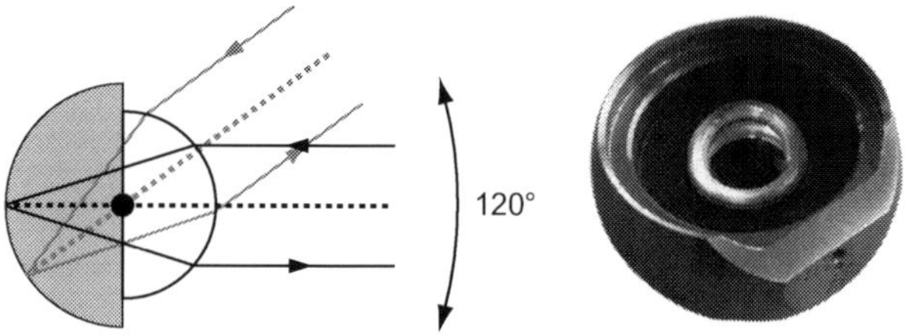

Bild 5.20: Kugelschalenreflektor (Cat's Eye)

Der n=2 Reflektor ist eine spezielle Ausprägung des Kugelschalenreflektors mit zwei gleichgroßen Kugelschalen (Bild 5.21). Der Name resultiert aus den optischen Eigenschaften des Glases, das einen Brechungsindex von n=2 aufweist. Aufgrund dieses Brechungsindex ist der Öffnungswinkel des Reflektors nicht beschränkt, so dass der Laserstrahl aus jeder Richtung reflektiert werden kann. Im Gegensatz zum konventionellen Kugelschalenreflektor ist die Reflexionsfläche des n=2 Reflektors nicht verspiegelt, so dass nur 8% des einfallenden Laserlichts reflektiert wird. Aufgrund dieses geringen Reflexionsvermögens eignet sich der n=2 Reflektor nur bedingt für die Kalibrierung von Werkzeugmaschinen. Ein weiterer Nachteil des Reflektors ist, dass nur die parallelen Strahlen, die nahe der optischen Achse auf die Kugel treffen, exakt parallel reflektiert werden. [KNIE07 S. 42; YONG03; TAKA00; TAKA99]

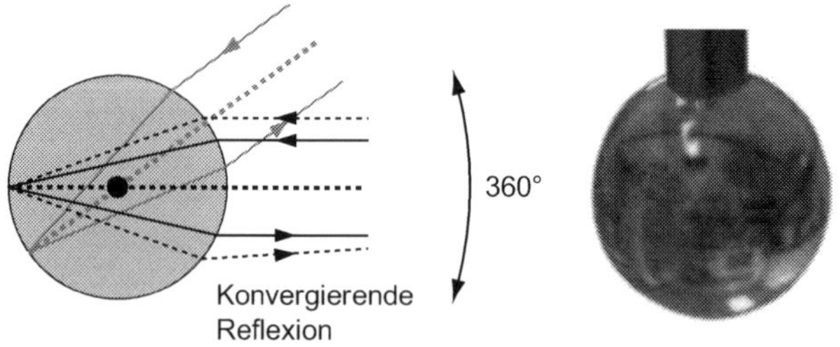

Bild 5.21: n=2 Reflektor

Die Stabilität des optischen Zentrums wurde von KNIEL für den Tripelspiegel und den Kugelschalenreflektor theoretisch hergeleitet [KNIE07 S. 78f]. Demnach führt die Abweichung δ des Laserstrahls von der parallelen Reflexion zu einem relativen Längenfehler der Messung ΔL in Abhängigkeit von der gemessenen Länge d (Gleichung 2). Die maximale Winkelabweichung δ des reflektierten Strahls gegenüber dem eingehenden Laserstrahl kann Herstellerangaben entnommen werden und beträgt zwei

Winkelsekunden. Der resultierende Unsicherheitsbeitrag kann aufgrund der geringen Auswirkungen auf das Messergebnis vernachlässigt werden.

$$\Delta L = \frac{d}{\cos(\delta)} - d = 4{,}7 \cdot 10^{-11} \cdot d \tag{2}$$

Zusätzlich wirken sich bei den Kugelschalenreflektoren die Formabweichung der Halbschalen, die Homogenität des Brechungsindex sowie die Exzentrizität der Halbschalen zueinander auf die Längenmessung aus. Experimentelle Untersuchungen von CHEN zeigen, dass die Summe dieser Fehler zu einer gemittelten winkelabhängigen Längenmessunsicherheit von ca. 0,75 Mikrometern führt. [CHEN06]

Da beim n=2 Kugelschalenreflektor der Einfluss der Exzentrizität der Halbschalen zueinander entfällt und die Glaskugel mit einer Formabweichung von weniger als 200 Nanometern gefertigt werden kann, schätzt KNIEL den Unsicherheitsbeitrag des Reflektors auf die Längenmessung mit 50 Nanometern ab.

Zusammengefasst kann festgehalten werden, dass sich der Tripelspiegel oder das Tripelprisma aufgrund des begrenzten Öffnungswinkels nur bedingt für die Kalibrierung von Werkmaschinen eignen. In der Regel wird daher ein Kugelschalenreflektor eingesetzt. Der n=2 Reflektor besitzt gegenüber herkömmlichen Kugelschalenreflektoren die Vorteile eines größeren Öffnungswinkels und der geringen Empfindlichkeit gegenüber Formabweichungen. Aufgrund des begrenzten Reflexionsvermögens wird dennoch in der Regel der konventionelle Kugelschalenreflektor für die Kalibrierung eingesetzt. Um den n=2 Reflektor für die Kalibrierung nutzbar zu machen, hat die Firma Etalon einen Prototypen eines halbseitig verspiegelten Reflektors entwickelt und erfolgreich getestet. Aufgrund der halbseitigen Verspiegelung verfügt diese über einen nutzbaren Öffnungswinkel von ±75°.

5.1.3 Mitwelt

Die Messunsicherheit der optischen Längenmessung mit Tracking-Interferometern wird in erster Linie durch den Brechungsindex der Luft bestimmt. Der Brechungsindex beeinflusst einerseits die Wellenlänge des Laserlichts und somit direkt die Maßverkörperung der interferometrischen Längenmessung (vgl. Abschnitt 5.1.2), andererseits die Ausrichtung des Tracking-Interferometers, da der Laserstrahl durch Gradienten des Brechungsindex senkrecht zum Laserstrahl abgelenkt wird.

Wellenlängenkorrektur

Die Wellenlänge des Lichts ist unter Atmosphäre vom Brechungsindex der Luft abhängig. Der Brechungsindex hängt wiederum von der Temperatur, dem Luftdruck, und der Luftfeuchte ab. Diese Parameter werden durch eine Wetterstation gemessen, um die aktuelle Wellenlänge des Laserlichts nach der Edlen-Formel zu berechnen. Der Einfluss der chemischen Zusammensetzung der Luft kann in den meisten Anwendungen vernachlässigt werden. [CIDO99; BIRC93; OWEN67; EDLE66]

$$n(T,p,f_{WD},\lambda_0)=1+\frac{p\cdot\left(8342{,}54+\dfrac{2406147}{130-\left(\dfrac{1}{\lambda_0}\right)^2}+\dfrac{15998}{38{,}9-\left(\dfrac{1}{\lambda_0}\right)^2}\right)\cdot 10^{-8}}{96095{,}43}\cdot\frac{1+10^{-8}(0{,}601-0{,}00972\cdot T)p}{1+0{,}0036610\cdot T}$$
$$-10^{-10}\left(\frac{292{,}75}{T+273{,}15}\right)\cdot\left(3{,}7345-0{,}0401\cdot\left(\frac{1}{\lambda_0}\right)^2\right)\cdot f_{WD} \qquad (3)$$

mit

T:	Temperatur	[°C]
p:	Druck	[Pa]
f_{WD}:	Wasserdampfpartialdruck (Funktion der Temperatur und der relativen Luftfeuchtigkeit)	[Pa]
λ_0:	Vakuumwellenlänge	[µm]

Die Unsicherheit der Eingangsparameter dieser Gleichung sowie die Abhängigkeit der Eingangsgrößen vom Ort der Messung im Messvolumen führen unmittelbar zu einer Unsicherheit der Wellenlänge, die sich auf die Unsicherheit der gemessenen Länge auswirkt.

Strahlablenkung

Der Brechungsindex der Luft unterliegt in der Regel lokalen Schwankungen. Gradienten des Brechungsindex beeinflussen sowohl die Wellenlänge des Lichts, als auch die Ausrichtung des Tracking-Interferometers. Nach dem Fermat'schen Prinzip breitet sich Licht so aus, dass die Dauer für das Überwinden der Distanz zwischen zwei Punkten minimal wird. In Bild 5.22 ist der Strahlverlauf skizziert, der aus einem senkrecht zum Laserstrahl orientierten Gradienten des Brechungsindex resultiert. Das Licht verläuft nicht geradlinig zwischen den Punkten *A* und *B*, sondern auf einer gekrümmten Bahn. Dieser Strahlverlauf beeinflusst die Ausrichtung des Tracking-Interferometers, die durch einen Tangente im Punkt *A* beschrieben werden kann. Es entsteht ein virtueller Punkt *B'*, dessen Position von der realen Reflektorposition abweicht. [TIPL07 S. 1006; ESTL02; PUTT78]

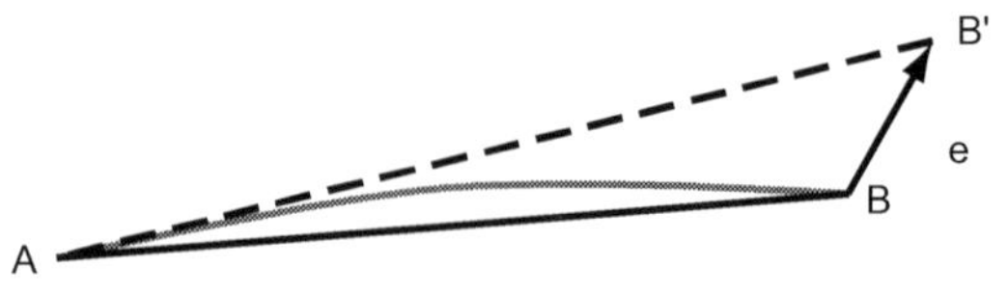

Bild 5.22: Strahlablenkung nach dem Fermat'schen Prinzip

Die Ablenkung des Laserstrahls entlang der Bahnkurve führt nicht zu einer relevanten Veränderung der gemessenen Distanz, da der Strahlverlauf im optisch dünneren

Medium zu einer vergrößerten Wellenlänge führt, die den Effekt der zusätzlich zurückgelegten Wegstrecke ausgleicht.

Die Ausrichtung des Tracking-Interferometers folgt der Ableitung der Bahnkurve in der Nähe seines optischen Zentrums. Das Tracking-Interferometer ist demnach nicht direkt auf das Zentrum des Reflektors ausgerichtet. Dieser Fehler wächst mit zunehmender Distanz zwischen dem Reflektor und dem Tracking-Interferometer (Bild 5.23). Die Messung von Winkeln mit Tracking-Interferometern im Kugelkoordinatensystem ist dementsprechend mit einer größeren Unsicherheit behaftet als die Längemessung.

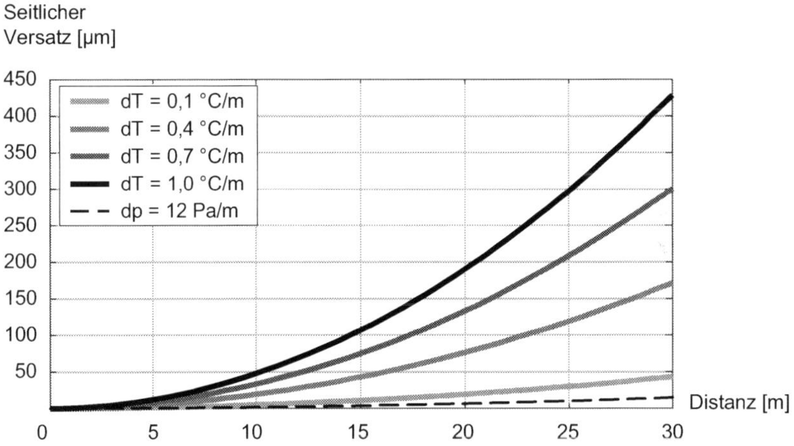

Bild 5.23: Seitlicher Refraktionsversatz aufgrund des Fermat'schen Prinzips, Umgebungsbedingungen: T = 20°C, p = 1013 hPa, RH = 50%

Der Einfluss der fehlerhaften Ausrichtung des Tracking-Interferometers auf die Längenmessung kann vernachlässigt werden, da der resultierende Längenfehler durch eine Cosinus-Funktion beschrieben wird. Dadurch führt selbst ein vergleichweise großer Versatz führt zu einer vernachlässigbar kleinen Längenänderung. Die mathematischen Grundlagen zur Berechnung der Strahlablenkung sind in Anhang A beschrieben.

5.1.4 Messobjekt

Für die sequentielle Kalibrierung ist es entscheidend, dass die Geometriefehler mit hinreichend geringer Unsicherheit durch die Werkzeugmaschine reproduziert werden. Zufällige Schwankungen der Geometriefehler führen unmittelbar zu einer Restunsicherheit der Kompensation. Ein Teil der zufälligen Abweichungen resultiert aus Vibrationen der Werkzeugmaschine. Diese sollten während der Messung so weit wie möglich reduziert werden. So sollte die Positionsregelung der Spindel, die den Reflektor führt, während der Messung deaktiviert und die Spindel manuell fixiert werden.

Hochfrequente Anteile der Vibration können durch eine Mittelwertbildung bei der Messwertaufnahme aus den Messergebnissen herausgefiltert werden.

Die zufälligen Fehler werden durch einen systematischen Fehler überlagert, der in dem aktuellen kinematischen Modell der Werkzeugmaschine nicht berücksichtigt wird, dem Umkehrspiel der Achsen. Das Umkehrspiel führt dazu, dass die Positionsfehler der Achsen richtungsabhängig sind. Die resultierenden Positionsabweichungen werden von dem Kalibrierverfahren als zufällige Abweichungen interpretiert und der Mittelwert gebildet.

Zusätzlich unterliegt die Werkzeugmaschine kontinuierlichen Veränderungen, die zu systematischen Abweichungen der aktuellen von der gemessenen Maschinengeometrie führen. So führen Schwankungen in der Umgebungstemperatur und innere Hitzequellen zu Längendehnungen in der Werkzeugmaschine (vgl. Abschnitt 8.1.2). Der Einfluss der Temperatur kann zwar gemessen und zum Teil kompensiert werden. Die Unsicherheit der Temperaturmessung, der inhomogenen Temperaturverteilung in der Werkzeugmaschine und der nichtlinearen Verformung der Maschinenstruktur führen allerdings zu einer Restabweichung der Kompensation [BREC09; WECK06 S. 197-198]. Langfristig betrachtet führt der Verschleiß der mechanischen Komponenten zu einer stetigen Veränderung der Fehlerparameter, so dass die Kalibrierung der Werkzeugmaschine in regelmäßigen Abständen wiederholt werden muss.

5.1.5 Zusammenfassung der Einflussgrößen

In Tabelle 5.2 sind die Parameter, die einen Einfluss auf die Unsicherheit der Kalibrierung von Werkzeugmaschinen mit Tracking-Interferometern haben in einem Unsicherheitsbudget gemäß GUM zusammengefasst [DIN13005].

Die Abschätzung der kombinierten Unsicherheit des Kalibrierverfahrens erfolgt in zwei Schritten. Erst wird die Unsicherheit der Längenmessung des Tracking-Interferometers in Abhängigkeit vom Messsystem, der Reflektorposition und der Mitwelt berechnet. Im zweiten Schritt wird auf Basis der Längenunsicherheit der Fehler bei der Berechnung der geometrischen Fehlerparameter abgeschätzt. Bereits das Unsicherheitsbudget verdeutlicht, dass nicht alle Einflussgrößen mit einem einfachen Unsicherheitsbeitrag versehen werden können. Während die Unsicherheit des optischen Zentrums des Reflektors als konstant angenommen werden kann und die Unsicherheit der Längenmessung linear mit der Messlänge ansteigt, sind Beiträge, wie die Stabilität des optischen Zentrums des Messkopfs und der Einfluss der Messstrategie, von dem jeweiligen Messpunkt abhängig. Der Einfluss des Messobjekts kann im Unsicherheitsbudget des Kalibrierverfahrens nicht berücksichtigt werden, da dieser von der individuellen Werkzeugmaschine abhängt und in der Regel im Vorfeld der Messung nicht bekannt ist. Der Einfluss des Messobjekts, wie das Umkehrspiel oder die Temperaturdehnung der Achsen, wirken sich unmittelbar auf die Restunsicherheit der Kompensation geometrischer Fehlerparameter aus und können nur durch eine Wiederholmessung quantifiziert werden (siehe Abschnitt 8.1.1 „Restunsicherheit der Kompensation“).

Die Berechnung der kombinierten Unsicherheit erfordert daher das Aufstellen eines individuellen Unsicherheitsbudgets für jede Messlänge bzw. für jeden Messpunkt. Da pro Kalibriervorgang hunderte von Messungen durchgeführt werden, muss hierfür eine eigene Software entwickelt werden, die die Kalibrierunsicherheit automatisch für jeden Messpunkt in Abhängigkeit von den gegebenen Randbedingungen abschätzt.

Tabelle 5.2: Unsicherheitsbudget der Kalibrierung von Werkzeugmaschinen mit Tracking-Interferometern

<table>
<tr><th colspan="2">Einflussgröße</th><th>Methode</th><th>Unsicherheitsbeitrag</th></tr>
<tr><td colspan="4">1. Berechnung der Längenmessunsicherheit des Tracking-Interferometers</td></tr>
<tr><td rowspan="3">Messsystem (siehe 5.1.2)</td><td>Stabilität des optischen Zentrums des Messkopfs</td><td>A</td><td>Abhängig von der Position und der Strahlführung</td></tr>
<tr><td>Stabilität des optischen Zentrums des Reflektors</td><td>B</td><td>0,2 bis 0,5 µm (2 Sigma)</td></tr>
<tr><td>Wellenlängenstabilität</td><td rowspan="2">B</td><td rowspan="2">0,5 µm/m (2 Sigma)</td></tr>
<tr><td rowspan="2">Mitwelt (siehe 5.1.3)</td><td>Wellenlängenkorrektur</td></tr>
<tr><td>Strahlablenkung</td><td colspan="2">Vernachlässigbar</td></tr>
<tr><td colspan="4">2. Berechnung der Unsicherheit der gemessenen Fehlerparameter auf Basis der simulierten Längenmessunsicherheit</td></tr>
<tr><td rowspan="2">Methode (siehe 5.1.1)</td><td>Positionen des Tracking-Interferometers</td><td rowspan="2">B</td><td rowspan="2">Unsicherheitsbeitrag unterschiedlich für jeden Messpunkt</td></tr>
<tr><td>Messpfad</td></tr>
</table>

Methode A: Experimentelle Ermittlung der Eingangsgrößen

Methode B: Übernahme der Daten aus Kalibrierprotokollen oder vorangegangenen Abschätzungen

5.2 Berechnung der kombinierten Unsicherheit

Um den Einfluss der beschriebenen Unsicherheitsbeiträge auf die Längenmessunsicherheit des Tracking-Interferometers abzuschätzen, müssen diese zur kombinierten Messunsicherheit addiert werden. Die Unsicherheitsfortpflanzung kann analytisch, angenähert mittels quadratischer Varianzfortpflanzung oder numerisch erfolgen. Auch wenn die analytische Methode eine exakte Berechnung der kombinierten Unsicherheit erlaubt, kann diese doch nur auf relativ einfache Modelle angewandt werden [COX06a; COXD81].

Eine angenäherte Lösung beschreibt der wissenschaftlich anerkannte „Guide to the Expression of Uncertainty in Measurement“ (GUM) mit dem Verfahren der Varianzfortpflanzung [DIN13005]. Die Varianzfortpflanzung erfordert die Umrechnung aller

Eingangsgrößen auf eine t-Verteilung sowie die Linearisierung aller Gleichungen am Arbeitspunkt und ist somit bei komplexen Modellen kaum beherrschbar. Die Umrechnung der Eingangsgrößen auf die t-Verteilung kann zudem zu systematischen Fehlern bei der Berechnung der kombinierten Unsicherheit führen [COX06a; COX06b; KAKE06; COXD81]. Im Jahr 2006 wurde daher der GUM durch die Monte-Carlo-Simulation (MCS) als numerische Methode ergänzt [GUMS06; COX04a; PAPA01; COUG00]. Beispiele für die Berechnung der kombinierten Unsicherheit eines komplexen Messsystems mittels Monte-Carlo-Simulation sind das virtuelle Koordinatenmessgerät und das virtuelle Interferometer [SCHM09f; SCHM08b; VDI2617-7; WAEL04; SCHW03; WAEL02; SCHW99b; BAI04].

Die Monte-Carlo-Simulation basiert auf der Verwendung von Zufallszahlen. Die Abschätzung der kombinierten Unsicherheit erfolgt durch eine wiederholte Berechnung der Messgröße in Abhängigkeit aller Eingangsgrößen. Die Werte der Eingangsgrößen werden zufällig im Rahmen definierter Wahrscheinlichkeitsdichtefunktionen variiert, so dass auch die Ausgangsgröße einer Streuung unterliegt, deren Standardabweichung wiederum berechnet werden kann (Bild 5.24).

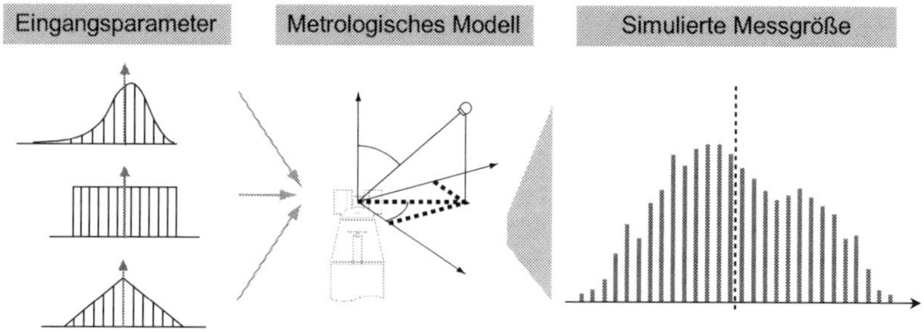

Bild 5.24: Numerische Berechnung der Messunsicherheit mittels statistischer Simulation, gemäß GUM Supplement 1 (Monte-Carlo-Simulation)

Ein Nachteil der Monte-Carlo-Simulation ist, dass die Güte der Unsicherheitsfortpflanzung unter anderem von der Anzahl der durchgeführten Berechnungen abhängt. Bei komplexen Simulationen kann die Zeit für die Berechnung der kombinierten Unsicherheit stark ansteigen. Aufgrund der stetig gestiegenen Leistung moderner Computer konnte die Rechenzeit in den letzten Jahren so weit reduziert werden, dass die Monte-Carlo-Simulation heute für viele metrologische Anwendungen genutzt werden kann. Obwohl die Monte-Carlo-Simulation nur eine numerische Näherung der analytischen Lösung ist, bietet diese einige Vorteile gegenüber dem GUM Standardverfahren. So muss keine geschlossene mathematische Gleichung der Messgröße in Abhängigkeit aller Eingangsgrößen formuliert und am Arbeitspunkt linearisiert werden. Dies erleichtert die mathematische Beschreibung des metrologischen Modells und ermöglicht eine flexible Abschätzung der Messunsicherheit in Abhängigkeit von der aktuellen Messaufgabe. Zum anderen können beliebige (auch asymmetrische) Verteilungsfunktionen als Eingangsgrößen genutzt werden, die zu beliebigen Verteilungen der Ausgangsgröße führen können. Diese Verteilung bildet in vielen Fällen die tatsächliche Streuung des Messergebnisses besser ab als eine Normalverteilung. [GUMS06; COX06a; SIEB04; SCHW00; BASI99; SCHW99b]

Die Berechnung der kombinierten Unsicherheit der Längenmessung von Tracking-Interferometern erfolgt am Werkzeugmaschinenlabor mittels einer Software, die die Unsicherheitsbeiträge der Einflussgrößen aus den Abschnitten 5.1.1 bis 5.1.4. mittels Monte-Carlo-Simulation verknüpft. Diese Software besteht aus einem Modul zur Eingabe der aktuellen Reflektorposition und der Verteilung der Unsicherheitsbeiträge sowie einem Ausgabemodul, das die Histogramme der Ausgangsgrößen anzeigt und deren Standardabweichung ausgibt (Bild 5.25). Der Kern der Software ist die Modellierung der Strahlführungsmechanismen aus Abschnitt 5.1.2. Die mathematischen Grundlagen der Modellierung werden im Anhang B erläutert.

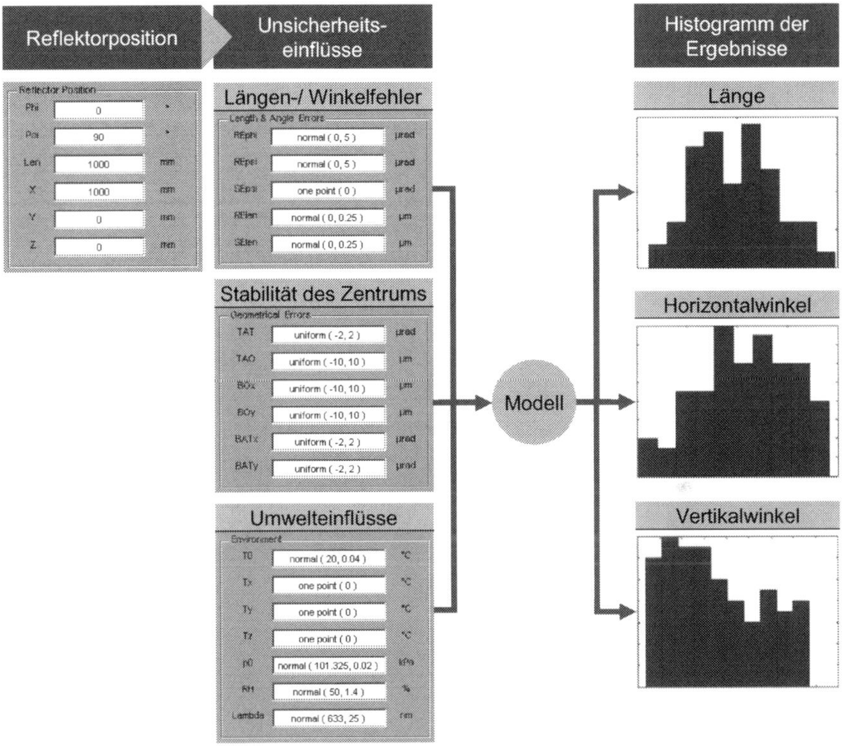

Bild 5.25: Berechnung der kombinierten Messunsicherheit von Lasertrackern mittels Monte-Carlo-Simulation

Die Software ermöglicht somit die Abschätzung der Längenmessunsicherheit von verschiedenen Tracking-Interferometern in Abhängigkeit aller Eingangsgrößen aus Tabelle 5.2, der Stabilität des optischen Zentrums des Messkopfs und des Reflektors sowie der Wellenlängenstabilität und der Wellenlängenkorrektur. Die Simulation des Strahlengangs bestätigt, dass die Stabilität des optischen Zentrums des Messkopfs bei Tracking-Interferometern mit einer Präzisionskugel als optischem Zentrum unabhängig von der Orientierung des Laserstrahls ist. Der Unsicherheitsbeitrag kann in diesem Fall als konstant angenommen werden. Die kombinierte Unsicherheit der relativen Längenmessung kann für diese Tracking-Interferometer durch eine lineare Funktion beschrieben werden, deren Wert mit der Messlänge ansteigt und die um den konstanten Anteil der optischen Zentren von Reflektor und Messkopf auf der y-Achse verschoben ist (siehe Referenzgerade in Bild 5.26).

Unsicherheit der relativen Längenmessung mit Tracking-Interferometern	
Strahlführung durch das optische Zentrum	Kardanisch gelagerter Spiegel

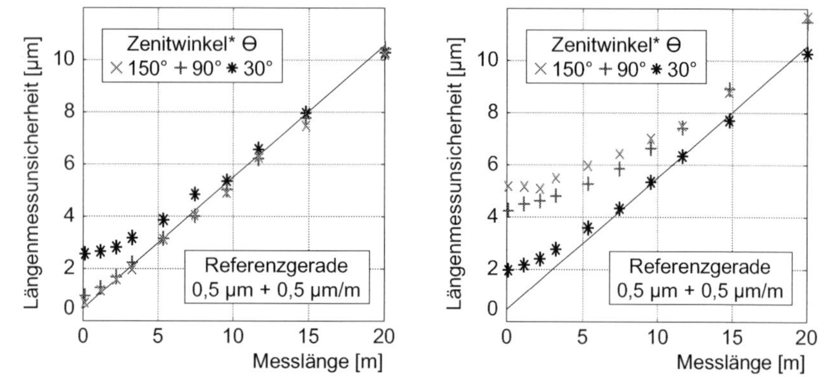

Annahmen über die Eingangsgrößen (Alle Angaben mit einem Vertrauensniveau von 1 Sigma)	
Zufälliger Längenmessfehler: 0,5 µm/m	
Reflektor: 0,5 µm	
Kippachs-Versatz: 5 µm	Kippachs-Versatz: 2,5 µm
	Spiegel-Versatz: 2,5 µm

* Im Zenitwinkel entsprechen 0° einer senkrechten Orientierung nach oben, 90° einem parallel zur horizontalen ausgerichteten Laserstrahl und 180° einem nach unten gerichteten Laserstrahl

Bild 5.26: Unsicherheit der relativen Längenmessung mit Tracking-Interferometern

Bei den anderen Bauformen, der Strahlführung durch das optische Zentrum und dem kardanisch gelagerten Spiegel, führen die Geometriefehler der Rotationsachsen im Messkopf zu einem zusätzlichen Unsicherheitsbeitrag in Abhängigkeit vom Zenitwinkel. Die Unsicherheit der relativen Längenmessung ist dann abhängig von den mechanischen Eigenschaften der Rotationsachsen sowie der Restunsicherheit der Kompensation der Geometriefehler des Messkopfs. In Bild 5.26 ist die simulierte Unsicherheit der relativen Längenmessung in Abhängigkeit vom Zenitwinkel des Laserstrahls und der Messlänge aufgetragen. Die anschließende Tabelle zeigt die Annahmen über den Betrag der Eingangsgrößen, die der Simulation zugrunde liegen.

Die Simulation ergibt, dass die Unsicherheit der relativen Längenmessung im Nahbereich des Tracking-Interferometers von der Referenzgerade abweicht und sich mit zunehmender Entfernung dem linearen Verlauf annähert. Die Ergebnisse der Simulation können zur Optimierung der Messstrategie und zur besseren Gewichtung der Messergebnisse bei der Berechnung der geometrischen Fehlerparameter der Werkzeugmaschine genutzt werden.

5.3 Beantwortung der Forschungsfrage

Die Ergebnisse aus den Abschnitten 5.1 und 5.2 zeigen, dass das Verfahren der Kalibrierung von Werkzeugmaschinen mittels sequentieller Multilateration mit einem metrologischen Modell beschrieben werden kann. Die wichtigste Eingangsgröße des Verfahrens, die Längenmessung, kann für die verschiedenen Bauformen von Tracking-Interferometern beschrieben, die Eingangsgrößen experimentell ermittelt oder abgeschätzt und die kombinierte Unsicherheit mittels Monte-Carlo-Simulation berechnet werden. Die 0-Hypothese kann somit verworfen werden.

Die Berechnungen zeigen, dass die relative Längenmessunsicherheit von Tracking-Interferometern mit Strahlreflexion an einer Präzisionskugel im gesamten Messvolumen durch eine entfernungsabhängige ansteigende Gerade beschrieben werden kann. Bei Tracking-Interferometern, deren Laserstrahl durch das optische Zentrum geführt oder über einen Spiegel umgelenkt wird, hängt die Stabilität des optischen Zentrums und somit die Unsicherheit der relativen Längenmessung von der Güte der Kompensation der Geometriefehler des Messkopfs ab. Gleichzeitig führen die Geometriefehler zu einer Abhängigkeit der Unsicherheit von der vertikalen Orientierung des Laserstrahls im Kugelkoordinatensystem des Tracking-Interferometers.

Die Abschätzung der Längenmessunsicherheit in Kombination mit der Abschätzung der resultierenden Kalibrierunsicherheit kann genutzt werden, um bereits im Vorfeld zu prüfen, ob das Verfahren für die Kalibrierung einer Werkzeugmaschine geeignet ist, und die Kalibrierstrategie zu optimieren. Die Berechnung der Längenmessunsicherheit von Tracking-Interferometern in Abhängigkeit der Restunsicherheit der kompensierten Geometriefehler und des Zenitwinkels erlaubt eine bessere Gewichtung der Einzelmessungen und führt somit zu einer reduzierten Unsicherheit des Kalibrierergebnisses.

6 Kalibrierung von Rotationsachsen

Die Kalibrierung von Werkzeugmaschinen mit Tracking-Interferometern ist bislang auf die Kalibrierung von drei seriell angeordneten Linearachsen beschränkt. Der Grund für diese Einschränkung liegt in den verfügbaren Algorithmen zur Beschreibung der gemessenen Langendifferenzen in Abhangigkeit von der verwendeten Kinematik. Das Verfahren eignet sich darüber hinaus aber auch für viele weitere Kinematiken wie die Drehachsen von Werkzeugmaschinen oder auch die serielle Kinematik von Robotern.

Viele moderne Werkzeugmaschinen verfügen über zusätzliche Drehachsen. So bildet die 5-Achs-Bearbeitung im Werkzeug- und Formenbau die notwendige Flexibilität, um auch komplexe Geometrien und Freiformflächen fertigen zu können [GRUN05]. Ein weiteres wichtiges Anwendungsgebiet ist die Bearbeitung von Turbinenschaufeln oder auch Blade Integrated Disks (Blisks) [HAUB08]. Darüber hinaus werden Drehachsen in vielen weiteren Produktionsprozessen eingesetzt, wie z.B. bei der Fertigung von Wälzlagern oder Verzahnungen. Die kombinierte Kinematik aus Linear- und Rotationsachsen führt zu zusätzlichen Geometriefehlern, die heute nicht durch ein einheitliches Verfahren bzw. Messsystem kalibriert werden können (vgl. Abschnitt 4.2 und 4.3).

Der Fokus der weiteren Entwicklung liegt daher auf der Entwicklung einer Messstrategie und der Algorithmen zur Kalibrierung von Werkzeugmaschinen mit zusätzlichen rotatorischen Achsen. Um die einleitende Forschungsfrage zur Kalibrierung von Rotationsachsen aus Kapitel 1 zu beantworten, werden folgende zwei 0-Hypothese aufgestellt:

> *Die geometrischen Fehlerparameter der Rotationsachsen von Werkzeugmaschinen können mit Tracking-Interferometern nicht vollständig gemessen werden.*
>
> *Die geometrischen Fehlerparameter der Rotationsachsen von Werkzeugmaschinen können mit Tracking-Interferometern nicht mit hinreichend geringer Unsicherheit gemessen werden.*

Zur Beantwortung der Forschungsfrage müssen beide 0-Hypothesen widerlegt werden. Hierfür wird ein Starrkörpermodell der Rotationsachsen inklusive aller Fehlerparameter nach ISO 230-7:2006 sowie eine Strategie zur Kalibrierung der Rotationsachsen nach dem Prinzip der sequentiellen Multilateration entwickelt. Anschließend wird die Rotationsachse einer Werkzeugmaschine kalibriert und die Ergebnisse werden mit einer Referenzmessung verglichen. Können alle Parameter gemessen werden und ist die Abweichung zwischen den Messergebnissen und der Referenzmessung hinreichend gering, so sind beide 0-Hypothesen widerlegt und die Forschungsfrage kann positiv beantwortet werden.

6.1 Messverfahren

Die Kalibrierung von Rotationsachsen mit Tracking-Interferometern basiert genau wie die Kalibrierung von Linearachsen auf einer Längenmessung zwischen dem Interferometer und einem maschinengeführten Reflektor.

Die Messstrategie hat einen wesentlichen Einfluss auf die Kalibrierung. Da die gesamte Kalibrierung auf der Messung von Längendifferenzen beruht, müssen die Einflussgrößen als Längenänderung im Messergebnis sichtbar werden. Eine mögliche Strategie zur Messung der Fehlerparameter zeigt Bild 6.1. Das Tracking-Interferometer wird auf dem Drehtisch befestigt und der Reflektor in vier Positionen verfahren, ohne den Reflektor zu drehen. Für jede Reflektorposition durchläuft der Drehtisch in 10°-Schritten eine komplette Drehung mit einem Vor- und einem Rücklauf. Anschließend wird das Tracking-Interferometer an zwei weiteren Positionen auf dem Drehtisch befestigt und die gesamte Prozedur wiederholt. Während des gesamten Kalibriervorgangs darf der Reflektor in der Werkzeugaufnahme nicht gedreht werden.

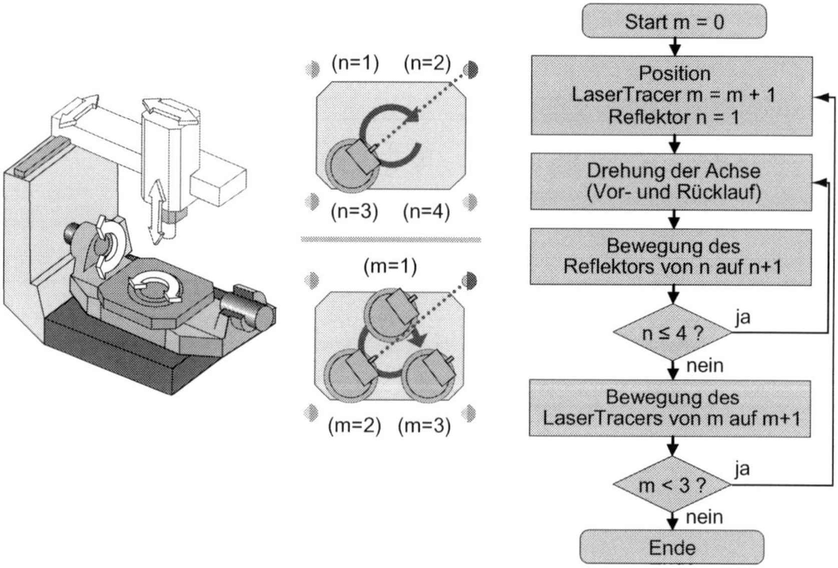

Bild 6.1: Messstrategie zur Kalibrierung von Drehachsen mit Tracking-Interferometern

Um die Position der Achse im kartesischen Koordinatensystem der Werkzeugmaschine zu bestimmen, muss im Vorfeld der Messung der Versatz des Reflektorzentrums zum Tool-Center-Point bestimmt werden, da dieser direkt in das Messergebnis eingeht. Der laterale Versatz gegenüber der Spindelachse kann durch die Drehung der Spindel bestimmt werden. Der axiale Versatz kann beispielsweise durch ein zusätzliches Messsystem, wie eine Lichtschranke zur Bestimmung der Werkzeuglänge, bestimmt werden.

6.2 Berechnung der Geometriefehler der Rotationsachsen

Die Fehlerparameter der Rotationsachsen werden analog zu dem Verfahren der Kalibrierung von Linearachsen nach dem Prinzip der sequentiellen Multilateration bestimmt. Die Anpassung der Algorithmen bezieht sich in erster Linie auf das zugrunde liegende kinematische Modell der Achsen, das sämtliche Fehlerparameter gemäß des Standards ISO 230-7:2006 umfasst [ISO230-7].

Die Start-Position $It = [x^* \; y^* \; z^* \; 1]$ des Tracking-Interferometers wird durch ein Koordinatensystem beschrieben, dessen Ursprung fest mit dem Rotationstisch verbunden ist. Die Soll-Position n_{Soll}, die aus der Achsdrehung resultiert, kann durch eine homogene Transformation berechnet werden (4).

$$[n_x \;\; n_y \;\; n_z \;\; 1]^T = \mathbf{Trans} \cdot \mathbf{Rot_z} \cdot \mathbf{It}^T \tag{4}$$

Da die Start-Position des Tracking-Interferometers geschätzt wird, ergibt sich für dessen Ist-Position It_{e^*} eine zusätzliche unbekannte Translation (5).

$$\mathbf{It_{e^*}} = [x^* + Ite_x \;\; y^* + Ite_y \;\; z^* + Ite_z \;\; 1]^T \tag{5}$$

Die aktuelle Soll-Position a im kartesischen Koordinatensystem der Werkzeugmaschine wird durch die Soll-Bewegung und zusätzliche unbekannte Transformationen bestimmt, mit denen die Achsfehler modelliert werden.

$$[a_x \;\; a_y \;\; a_z \;\; 1]^T = \mathbf{Trans} \cdot \mathbf{Rot_y} \cdot \mathbf{Rot_x} \cdot \mathbf{Rot_z} \cdot \mathbf{It_{e^*}} \tag{6}$$

Unter Berücksichtigung der Annahme, dass die Fehler sehr klein sind, können einige Vereinfachungen des Gleichungssystems vorgenommen werden. Die Differenz aus der Soll- und Ist-Position ergibt sich dann wie folgt [SCHM09d, SCHW09a]:

$$\begin{bmatrix} a_x \\ a_y \\ a_z \end{bmatrix} - \begin{bmatrix} n_x \\ n_y \\ n_z \end{bmatrix} = \begin{bmatrix} e_x + e_\beta \cdot z + e_\gamma \cdot (-y \cdot c(\gamma) - x \cdot s(\gamma)) + Ite_x \cdot c(\gamma) - Ite_y \cdot s(\gamma) \\ e_y - e_\alpha \cdot z + e_\gamma \cdot (x \cdot c(\gamma) - y \cdot s(\gamma)) + Ite_x \cdot s(\gamma) + Ite_y \cdot c(\gamma) \\ e_z + e_\alpha \cdot (y \cdot c(\gamma) + x \cdot s(\gamma)) + e_\beta \cdot (-x \cdot c(\gamma) + y \cdot s(\gamma)) + Ite_z \end{bmatrix} \tag{7}$$

mit

$e_{x,y,z}$	Translatorische Fehler
$e_{\alpha,\beta,\gamma}$	Rotatorische Fehler
x, y, z	Position des Reflektors
γ	Winkel der Rotationsachse

Um dieses Gleichungssystem zu lösen, sind Annahmen über den Verlauf der Fehlerparameter erforderlich, wie beispielsweise die Annahme, dass die Radial- und Axialbewegung bei dem Wert Null starten und nach einer vollen Drehung wieder den Wert Null annehmen.

6.3 Messunsicherheit

Bei der Kalibrierung der Rotationsachsen müssen gegenüber dem Unsicherheitsmodell aus Abschnitt 5.1 weitere Unsicherheitsbeiträge berücksichtigt werden. So fließen die Positionsfehler der Linearachsen sowie der Versatz des Reflektors gegenüber dem Tool-Center-Point als zusätzliche Unsicherheitsbeiträge in das Messergebnis ein (Bild 6.2). Diese werden in den folgenden Abschnitten beschrieben.

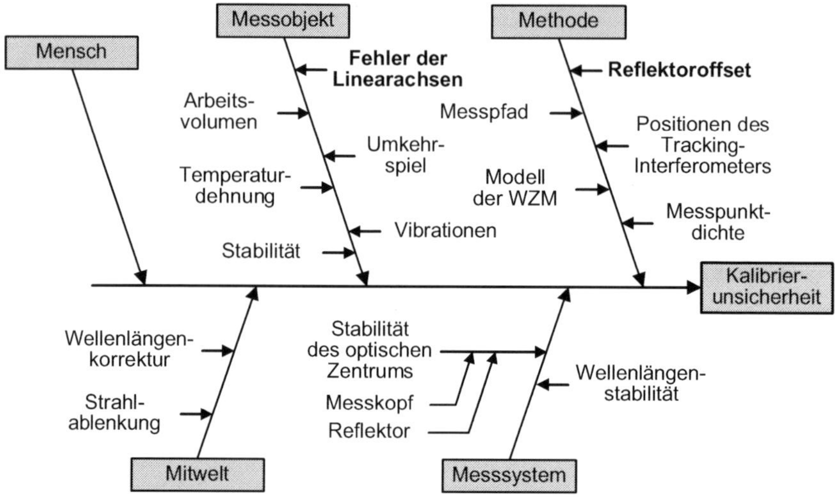

Bild 6.2: Erweitertes Unsicherheitsmodell der Kalibrierung von Rotationsachsen

6.3.1 Linearachsen

Die Position des Tracking-Interferometers und die Position des Reflektors im kartesischen Koordinatensystem der Werkzeugmaschine definieren die Soll-Länge, die für die Berechnung der geometrischen Fehlerparameter erforderlich ist. Während die Position des Tracking-Interferometers als Unbekannte in das Gleichungssystem eingeht, ist die ideale Reflektorposition bekannt. Abweichungen von der idealen Reflektorposition gehen unmittelbar als Unsicherheitsbeitrag in das Kalibrierergebnis ein. Sie führen zu einer fehlerhaften Berechnungen der Position des Interferometers, der Soll-Längen und somit der geometrischen Fehlerparameter. Um diesen Fehlereinfluss zu minimieren, können die Linearachsen der Werkzeugmaschine vor einer Kalibrierung der Rotationsachsen kalibriert und die Reflektorpositionen auf Basis dieser Messungen korrigiert werden. Alternativ kann die reale Position des Reflektors zusammen mit den Fehlerparametern der Rotationsachse über einen Best-Fit Algorithmus abgeschätzt werden.

Bild 6.3 zeigt exemplarisch die Ergebnisse der Kalibrierung einer Rotationsachse. Die Position des Reflektors wurde nachträglich über die gemessenen Fehler der Linearachsen und den Best-Fit Algorithmus korrigiert. Die Ergebnisse zeigen, dass die

Korrektur der Reflektorposition einen entscheidenden Einfluss auf das Messergebnis hat. Der Best-Fit Algorithmus liefert Ergebnisse, die mit der Korrektur auf Basis der gemessenen Positionsfehler vergleichbar sind.

Dennoch ist es empfehlenswert, die Fehler der Linearachsen im Vorfeld der Kalibrierung von Rotationsachsen zu messen, da der Best-Fit Algorithmus eine numerische Abschätzung liefert, deren Abweichung nicht überprüft werden kann. Im Sinne der Steigerung der Fertigungsgenauigkeit von Werkzeugmaschinen sollten die Linearachsen ohnehin kalibriert und deren Geometriefehler kompensiert werden.

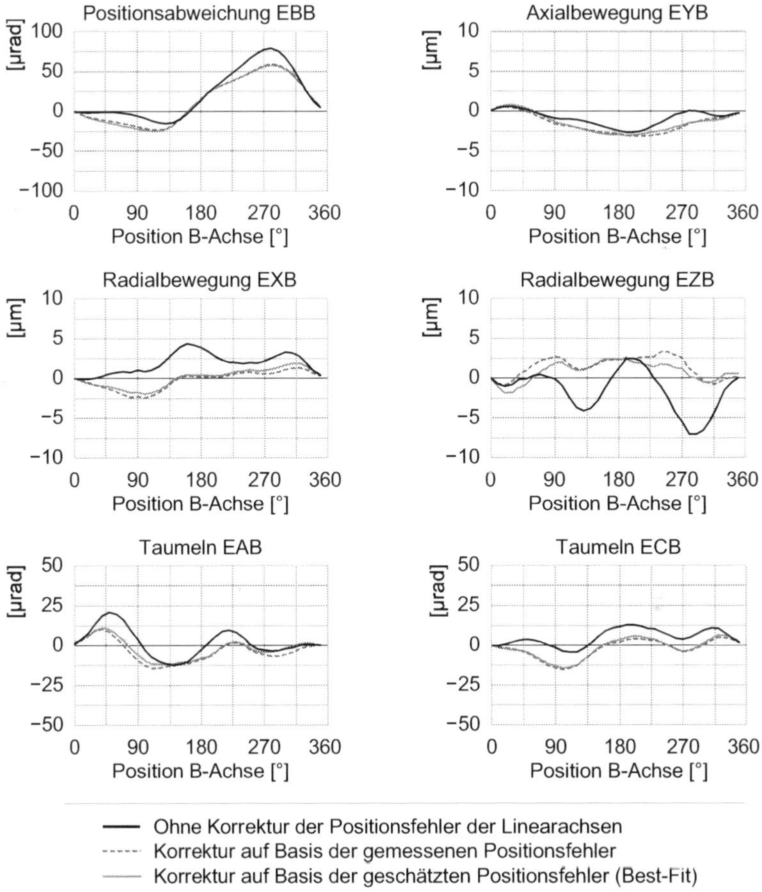

Bild 6.3: Einfluss der Positionsfehler der Linearachsen auf die Kalibrierung einer Rotationsachse (B-Achse)

Besonders deutlich zeigt sich der Einfluss der fehlerhaften Reflektorpositionen auf die gemessene Rechtwinkligkeit der Rotationsachsen gegenüber den Linearachsen der Werkzeugmaschine, da diese als Fehler erster Ordnung in das Messergebnis einfließen. Bild 6.4 zeigt das Ergebnis einer Messung der Rechtwinkligkeit einer B-Achse gegenüber der x-Achse (AOB). Die Messung wurde mit zwei verschiednen Messstrategien durchgeführt, die sich ausschließlich durch die gewählten Reflektorpositionen voneinander unterscheiden. Die Ergebnisse beider Messungen müssten demnach vergleichbar sein. Die Unterschiede in den Ergebnissen zeigen, dass die Unsicherheit der gemessenen Rechtwinkligkeit relativ groß ist, da die Unsicherheit der tatsächlichen Reflektorposition unmittelbar in das Messergebnis eingeht.

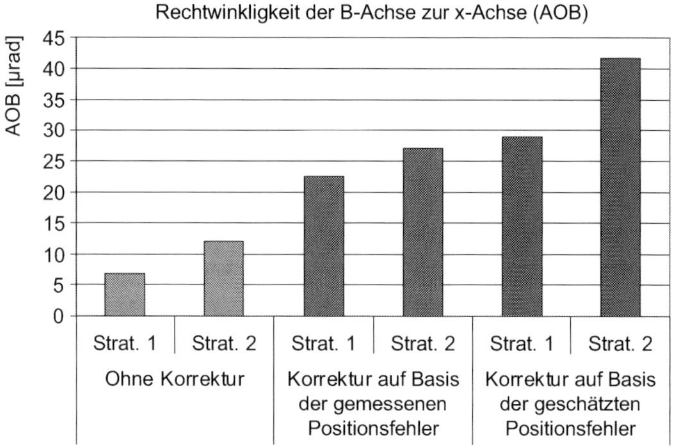

Bild 6.4: Einfluss des Positionsfehlers des Reflektors auf die gemessene Rechtwinkligkeit einer Rotationsachse

6.3.2 Reflektorversatz

Ein wichtiger Parameter bei der Fünf-Achs-Bearbeitung ist die Position der Rotationsachsen im kartesischen Koordinatensystem der Werkzeugmaschine. Diese Position kann ebenfalls im Rahmen der indirekten Kalibrierung mit Tracking-Interferometern gemessen werden. Allerdings bezieht sich das Messergebnis immer auf die Position der Achse relativ zum optischen Zentrum des Reflektors (Bild 6.5).

Der Versatz des Reflektorzentrums gegenüber dem Tool-Center-Point (Bild 6.5, z-Achse) kann durch eine Messung der Werkstücklänge mittels einer Lichtschranke bestimmt werden. Die Voraussetzung für die Berechnung des Versatzes ist, dass der Abstand der äußeren Halbschale des Reflektors zum optischen Zentrum mit hinreichend geringer Unsicherheit bekannt ist. Um die Exzentrizität des optischen Zentrums gegenüber der Drehachse der Werkzeugaufnahme (Bild 6.5, x-/y-Achse) zu messen, ist es im ersten Schritt erforderlich, die Position des Tracking-Interferometers im Koordinatensystem der Werkzeugmaschine mittels Multilateration zu bestimmen. Anschließend wird der Reflektor in der Werkzeugaufnahme um 360° gedreht und die resultierenden Längendifferenzen gegenüber dem Tracking-Interferometer gemessen.

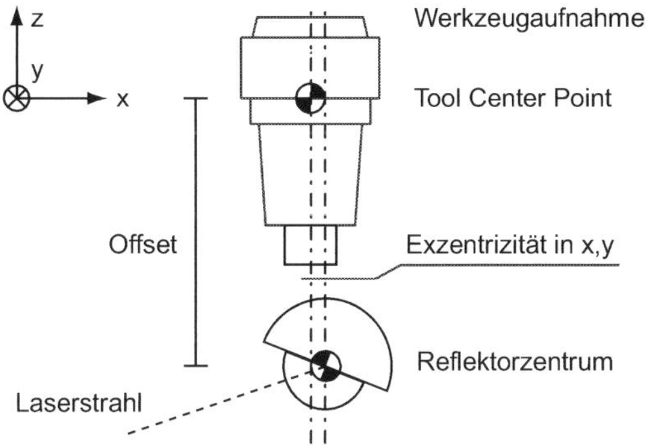

Bild 6.5: Versatz des optischen Zentrums gegenüber dem Tool-Center-Point

Es ergibt sich ein sinusförmiger Verlauf in Abhängigkeit von der Exzentrizität und der Position des Tracking-Interferometers, mithilfe dessen die Exzentrizität berechnet werden kann.

6.4 Validierung der Kalibrierung von Rotationsachsen

Im Folgenden wird geprüft, ob durch die indirekte Kalibrierung sämtliche Fehlerparameter mit hinreichend geringer Unsicherheit gemessen werden können. Die systematischen Abweichungen werden durch den Vergleich mit einem zweiten Messverfahren ermittelt. Die zufälligen Abweichungen werden durch eine Wiederholmessung quantifiziert. Für die Untersuchung der systematischen Abweichung stehen verschiedene Verfahren zur Verfügung (Bild 6.6).

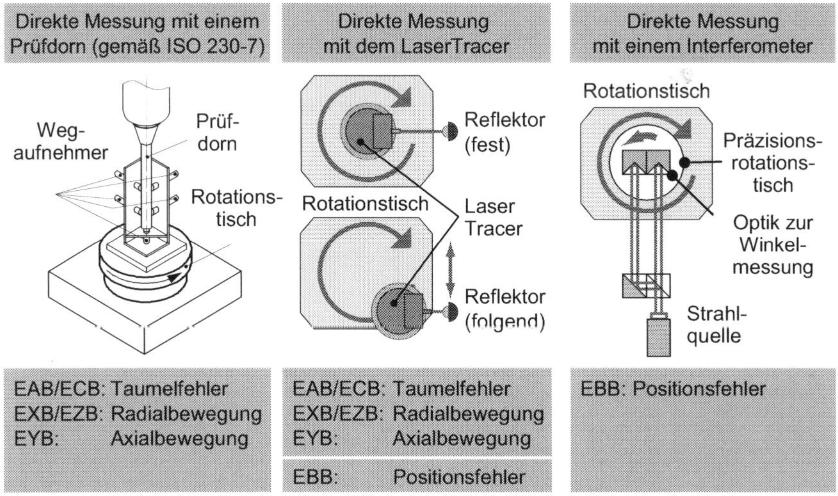

Bild 6.6: Messsysteme zur Validierung der indirekt gemessenen Fehlerparameter

In Anlehnung an den Standard ISO 230-7:2006 können alle Geometriefehler der Rotationsachse mit Ausnahme des Positionsfehlers mit einem Prüfdorn gemessen werden (Bild 6.6, links) [ISO230-7]. Die Unsicherheit dieses Verfahrens wird in erster Linie durch die Formabweichung des Prüfdorns und die Positionierung der Sensoren beeinflusst. Zwar kann der Einfluss der Formabweichung durch eine Wiederholmessung bei gedrehtem Prüfdorn teilweise kompensiert werden. Die Restunsicherheit des Verfahrens ist dennoch relativ groß. Eine Alternative ist die direkte Messung der rotatorischen Fehlerparameter mit einem LaserTracer (Bild 6.6, Mitte), die im folgenden Abschnitt näher beschrieben wird.

Der Positionsfehler kann zusätzlich interferometrisch mit einer Optik zur Winkelmessung bestimmt werden (Bild 6.6, rechts). Da diese Winkelmessung auf ±10° begrenzt ist und die Unsicherheit mit zunehmendem Winkel ansteigt, wird der Doppelreflektor über einen Präzisionstisch gegenläufig zur Rotation des Drehtischs nachgeführt.

6.4.1 Direkte Messung der rotatorischen Fehlerparameter

Die Fehlerparameter der Rotationsachsen können neben der indirekten Messung auch durch eine direkte Messung mit einem LaserTracer gemessen werden. Der LaserTracer eignet sich aufgrund der hohen optischen Stabilität seines optischen Drehzentrums besonders für die direkte Kalibrierung der Rotationsachsen. Die beschriebenen Messungen beziehen sich auf die Messungen an einer B-Achse.

Exzentrizität und Taumeln

Um die Axialbewegungen (EXB, EZB) und die Taumelfehler (EAB, ECB) der Rotationsachse mit dem LaserTracer direkt zu messen, ist es erforderlich, diesen in der Mitte des Drehachse zu positionieren. Hierfür wird der LaserTracer auf einem Mikrometer-Tisch befestigt. Anschließend wird die Position des LaserTracers im Koordinatensystem der Werkzeugmaschine mittels Multilateration bestimmt und der Reflektor in Verlängerung der z-Achse positioniert. Durch eine wiederholte Drehung der Achse um 180 Grad kann der LaserTracer mithilfe des Mikrometer-Tischs in der Mitte des Drehtischs zentriert werden. Diese Messung wird anschließend für die x-Achse wiederholt. Nach der Zentrierung wird die Position des LaserTracers erneut mittels Multilateration bestimmt und der Reflektor in Verlängerung der z-Achse in einem Abstand von ca. 1500 Millimetern vor dem Interferometer positioniert. Durch die Zentrierung des LaserTracers auf der Rotationsachse, die geringe Unsicherheit der interferometrischen Längenmessung, die geringe Formabweichung der Präzisionskugel und die exakte Positionierung des Reflektors in großem Abstand von dem LaserTracer ist die Unsicherheit der direkten Messung hinreichend gering zur Prüfung der Messergebnisse der indirekten Messung.

Für die direkte Messung wird die Drehachse um 360° vor und zurück gedreht. Während der Drehung werden die relativen Längendifferenzen zwischen der Oberfläche der Präzisionskugel des LaserTracers und dem Reflektor kontinuierlich aufgezeichnet. Bild 6.7 zeigt das Messprinzip und das Ergebnis der Messung an einer B-Achse. Trotz der vorangegangenen Zentrierung steht der LaserTracer wenige Mikrometer exzentrisch zur Drehachse. Die restliche Exzentrizität beeinflusst das Messergebnis und muss daher aus den Ergebnissen herausgerechnet werden.

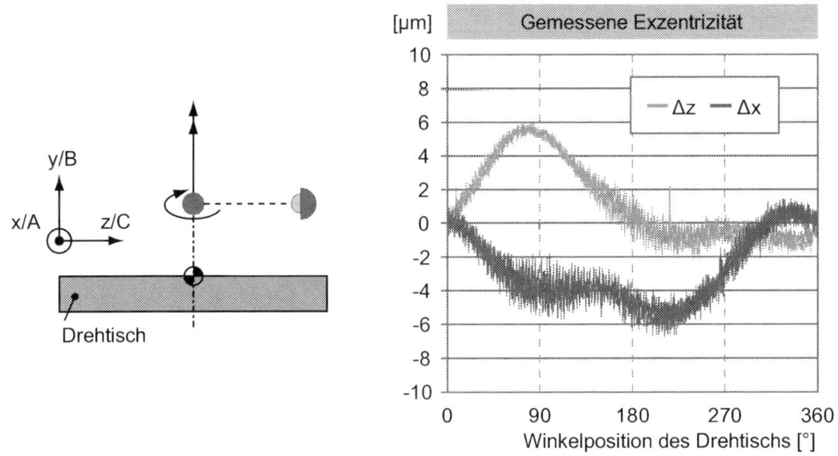

Bild 6.7: Messprinzip und Rohdaten der direkten Messung der Axialbewegung EXB, EZB mit dem LaserTracer

Der Einfluss der Exzentrizitäten der Präzisionskugel S_x und S_y auf das Messergebnis Δz und Δx in Abhängigkeit vom Winkel β des Rotationstisches ergibt sich aus den dargestellten geometrischen Zusammenhängen in Bild 6.8 und wird durch die Gleichung 8 beschrieben:

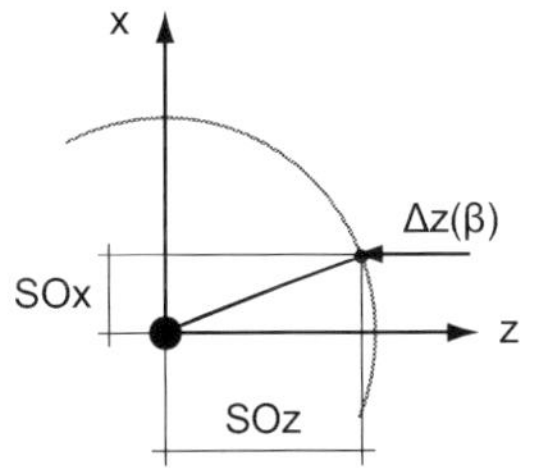

$$\begin{pmatrix} \Delta x(\beta) \\ \Delta z(\beta) \end{pmatrix} = \begin{pmatrix} -SOx \\ SOz \end{pmatrix} + \begin{pmatrix} SOz \cdot \sin(\beta) + SOx \cdot \cos(\beta) \\ SOx \cdot \sin(\beta) - SOz \cdot \cos(\beta) \end{pmatrix} \qquad (8)$$

$SO_{x,z}$ Exzentrizität der Präzisionskugel

β Rotationswinkel der B-Achse

Bild 6.8: Anteil der gemessenen Längenänderung aufgrund der Exzentrizität der Referenzkugel

Die Exzentrizität der Präzisionskugel kann durch die numerische Minimierung der Abweichung zwischen der beschriebenen Gleichung und den Messergebnissen berechnet werden. Bild 6.9 zeigt auf der linken Seite die gemessenen Rohdaten sowie den Anteil der Exzentrizität auf das Messergebnis. Auf der rechten Seite sind die bereinigten Daten dargestellt. Die Streuung der Ergebnisse resultiert aus der Unsicherheit der Längenmessung, den Vibrationen des Reflektors aufgrund von Regelschwingungen an der Spindel sowie dem Vor- und dem Rücklauf der Rotationsachse. Um den Taumelfehler zu bestimmen, muss die beschriebene Messung in zwei verschiedenen Abständen zum Zentrum des Drehtischs erfolgen.

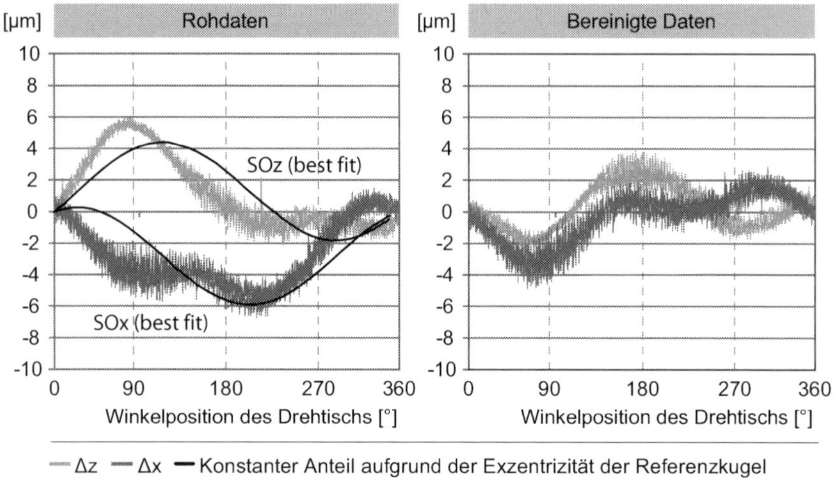

Bild 6.9: Bereinigung der Rohdaten durch die Subtraktion des konstanten Anteils aufgrund der Exzentrizität der Referenzkugel

Da sich die Ergebnisse der indirekten Messung auf die Exzentrizität im Ursprung des kartesischen Koordinatensystems der Werkzeugmaschine beziehen, müssen die Ergebnisse der direkten Messung abschließend gemäß Gleichung 9 umgerechnet werden (Bild 6.10). Die Ergebnisse des Vergleichs zwischen der direkten und der indirekten Messung werden in Abschnitt 6.4.2 vorgestellt und bewertet.

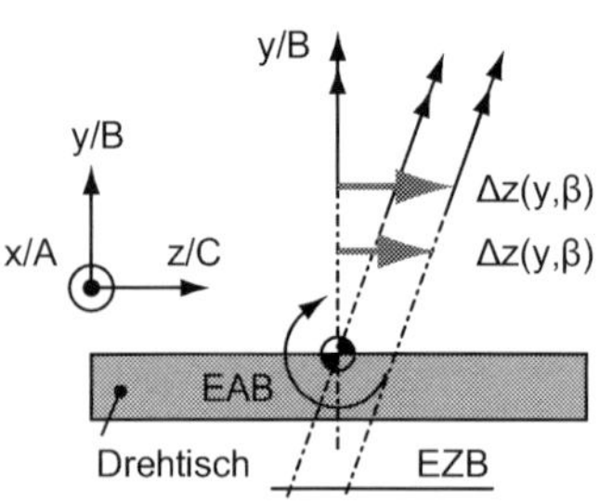

$$\Delta z(y,\beta) = EZB(\beta) + EAB \cdot \frac{Dy}{1000\,\text{mm}}$$
$$\Delta x(y,\beta) = EXB(\beta) + ECB \cdot \frac{Dy}{1000\,\text{mm}} \qquad (9)$$
$$\Delta y(\beta) = EYB(\beta)$$

Δx,z	Gemessene Exzentrizität
EXB, EZB	Axialbewegung
EAB, ECB	Taumelfehler
Dy	Distanz zum Ursprung des Koordinatensystems
β	Winkelposition der B-Achse

Bild 6.10: Zusammenhang zwischen der direkten und der indirekten Messung der rotatorischen Fehlerparameter einer B-Achse

Winkelposition

Für die vollständige Beschreibung der Drehachse ist es erforderlich, neben der Axialbewegung und dem Taumelfehler die Positionsabweichung EBB zu messen. Um diese Messung mit einem LaserTracer durchführen zu können, ist es erforderlich, die Drehbewegung der Rotationsachse in eine Längendifferenz zu übersetzen. Hierfür wird das Tracking-Interferometer möglichst weit außerhalb auf dem Rotationstisch positioniert. Während der Drehung wird der Reflektor entlang der z-Achse kontinuierlich nachgeführt, so dass der Laserstrahls während der gesamten Messung parallel zur z-Achse ausgerichtet ist (Bild 6.11, links).

Das Ergebnis der Messung ist ein sinusförmiger Verlauf der gemessenen Länge in Abhängigkeit vom Drehwinkel (Bild 6.11, rechts). Bei der minimalen und der maximalen Distanz zwischen dem LaserTracer und der z-Achse führt eine Drehung der Achse zu einer minimalen Längendifferenz. Die Empfindlichkeit des Verfahrens zur Messung des Drehwinkels nimmt an diesen Positionen ab und führt somit gleichzeitig zu einer erhöhten Unsicherheit. Die Messung wird daher an zwei um 90° Grad versetzten Positionen des LaserTracers auf dem Drehtisch wiederholt. Das Messergebnis folgt dann aus einer gewichteten Kombination der beiden Ergebnisse in Abhängigkeit von der abgeschätzten Unsicherheit.

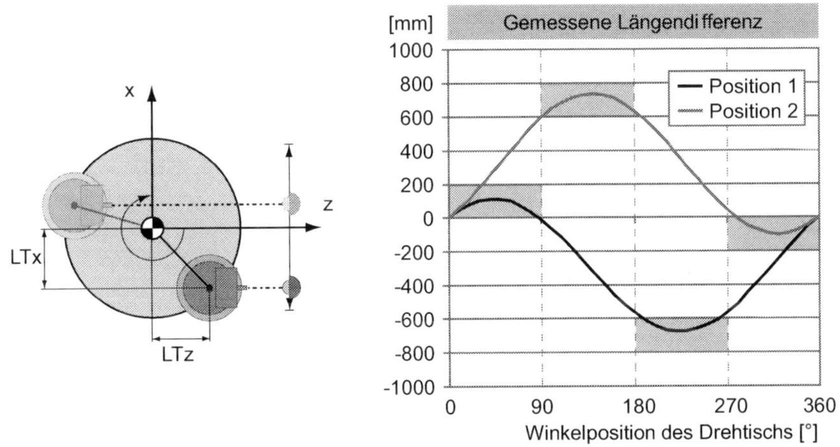

Bereiche geringer Empfindlichkeit gegenüber Winkeländerungen

Bild 6.11: Rohdaten der direkten Messung des Positionsfehlers EBB mit dem LaserTracer

Die gemessene Längendifferenz ergibt sich aus der folgenden Gleichung in Abhängigkeit von der Position des LaserTracers (*LTx, LTz*) und der aktuellen Winkelposition der Drehachse β:

$$\Delta(\beta) = LTz + LTx \cdot \sin(\beta) - LTz \cdot \cos(\beta) \qquad (10)$$

Diese Gleichung kann über eine einfache Umformung in die Gleichung 11 überführt werden, die sich wiederum über eine allgemeingültige Transformation nach dem Drehwinkel β auflösen lässt (Gleichung 12 und 13).

$$a \cdot \sin(\beta) + b \cdot \cos(\beta) = c \tag{11}$$

$$\sqrt{a^2 + b^2} \cdot \sin\left(\beta + \arctan\left(\frac{b}{a}\right)\right) = c \tag{12}$$

$$\beta = \arcsin\left(\frac{c}{\sqrt{a^2 + b^2}}\right) - \arctan\left(\frac{b}{a}\right) \tag{13}$$

Der Drehwinkel kann entsprechend in Abhängigkeit von der gemessenen Längendifferenz und der Position des LaserTracers wie folgt berechnet werden:

$$\beta = \arcsin\left(\frac{\Delta l(\beta) - LTz}{\sqrt{LTx^2 + LTz^2}}\right) - \arctan\left(\frac{-LTz}{LTx}\right) \tag{14}$$

Der Positionsfehler *EBB* der B-Achse ergibt sich dann durch eine einfache Differenz zwischen der Soll-Position und dem gemessenen Winkel (Gleichung 15).

$$EBB = \beta - \beta_{SOLL} \tag{15}$$

Wie aus Gleichung 14 und Bild 6.11 hervorgeht, ist die Unsicherheit der Messung des Positionsfehlers *EBB* von der Position des LaserTracers auf dem Drehtisch, der Unsicherheit der Längenmessung und dem aktuellen Drehwinkel abhängig. Um die Unsicherheit des Gesamtergebnisses zu minimieren, werden die Ergebnisse aus den unterschiedlichen Positionen in Abhängigkeit von der erwarteten Unsicherheit gewichtet kombiniert. Die Messunsicherheit muss dementsprechend im Vorfeld theoretisch abgeschätzt werden.

Vor Beginn der Messung ist es erforderlich, die Position des LaserTracers mittels Multilateration zu bestimmen. Die Unsicherheit der Positionsmessung aufgrund der Unsicherheit der Längenmessung sowie der Positionsfehler der Linearachsen kann mit ± 5 µm (1 Sigma) für die Positionen *LTx* und *LTz* abgeschätzt werden. Zusätzlich wird die Längenmessung durch Geradheitsabweichung beim Nachführen des Reflektors, die Exzentrizität *EBX* und *EBZ* der Drehachse sowie die Unsicherheit der interferometrischen Längenmessung überlagert. Die Unsicherheit der Längenmessung kann mit ± 2,5 µm (1 Sigma) abgeschätzt werden.

Die Berechnung der kombinierten Unsicherheit der Winkelmessung erfolgt mittels Monte-Carlo-Simulation. Bild 6.12 zeigt das Ergebnis der Simulation. Auf der linken Seite sind die einzelnen Unsicherheitsbeiträge in Abhängigkeit von der aktuellen Winkelstellung der Rotationsachse untereinander angeordnet. Rechts ist die kombinierte Unsicherheit dargestellt. Die Unsicherheit der Eingangsgrößen ist in einer Tabelle zusammengefasst.

Die Abschätzung der kombinierten Unsicherheit zeigt, dass die Messergebnisse mit einer Unsicherheit zwischen 5 und 25 µrad (1 Sigma) behaftet sind. Die indirekte Messung hat wiederum gezeigt, dass der erwartete Positionsfehler bei maximal 60 µrad liegt (Bild 6.4).

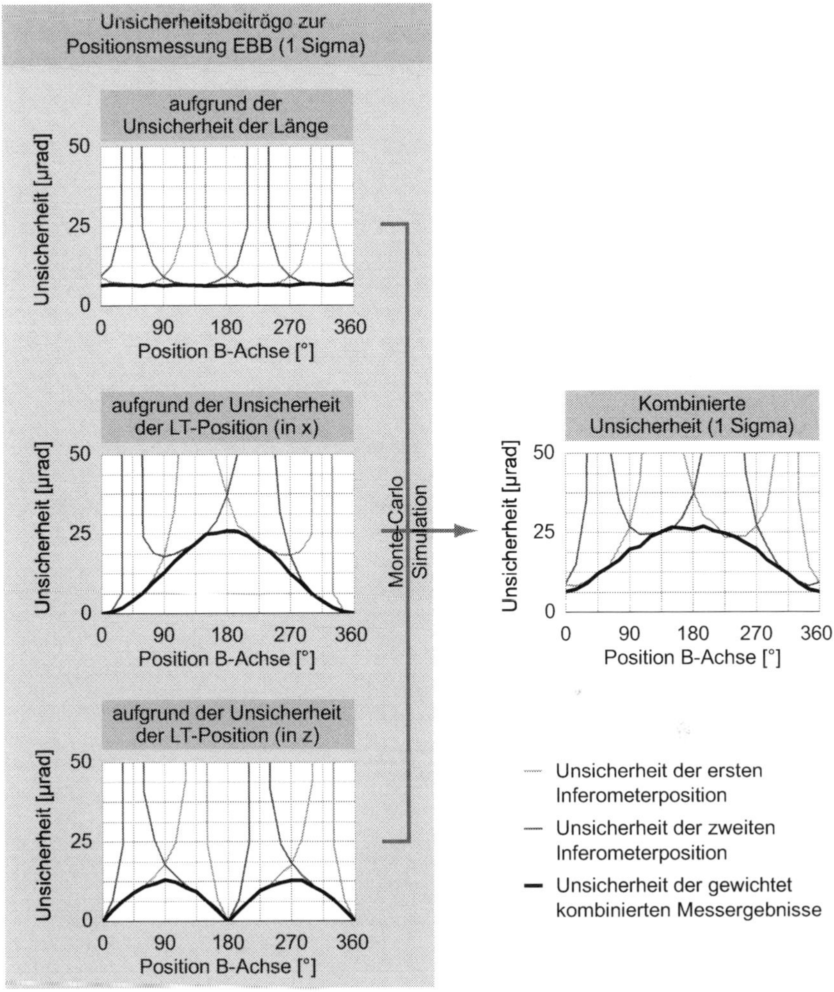

Annahmen zu den Eingangsgrößen

Unsicherheit der Längemessung	± 2,5 µm (1 Sigma)	Unsicherheit der Tracer-Position (x, z)	± 5 µm (1 Sigma)

Bild 6.12: Unsicherheit des gemessenen Positionsfehlers *EBB* bei direkter Messung mit dem LaserTracer

Die Abschätzung der Messunsicherheit zeigt, dass sich die direkte Messung der Positionsfehler der Rotationsachse mit LaserTracern unter den gegebenen Voraussetzung nicht eignet. Die Messunsicherheit sinkt allerdings, wenn der LaserTracer auf der Rotationsachse weiter außerhalb positioniert werden kann, da ein Winkelfehler über den Hebelarm zu einer größeren Längendifferenz führt. Bei der Validierung der Messergebnisse wird daher auf vorhandene Kalibrierergebnisse einer Rotationsachse aus dem Abnahmeprotokoll einer Werkzeugmaschine zurückgegriffen, die mit einem Winkelencoder an einer Drehachse aufgenommen wurden.

6.4.2 Vergleich der direkten mit der indirekten Messung

Die Validierung der indirekten Messung erfolgt durch den Vergleich der Messergebnisse mit Messwerten, die mittels eines LaserTracers direkt gemessen wurden (Bild 6.13).

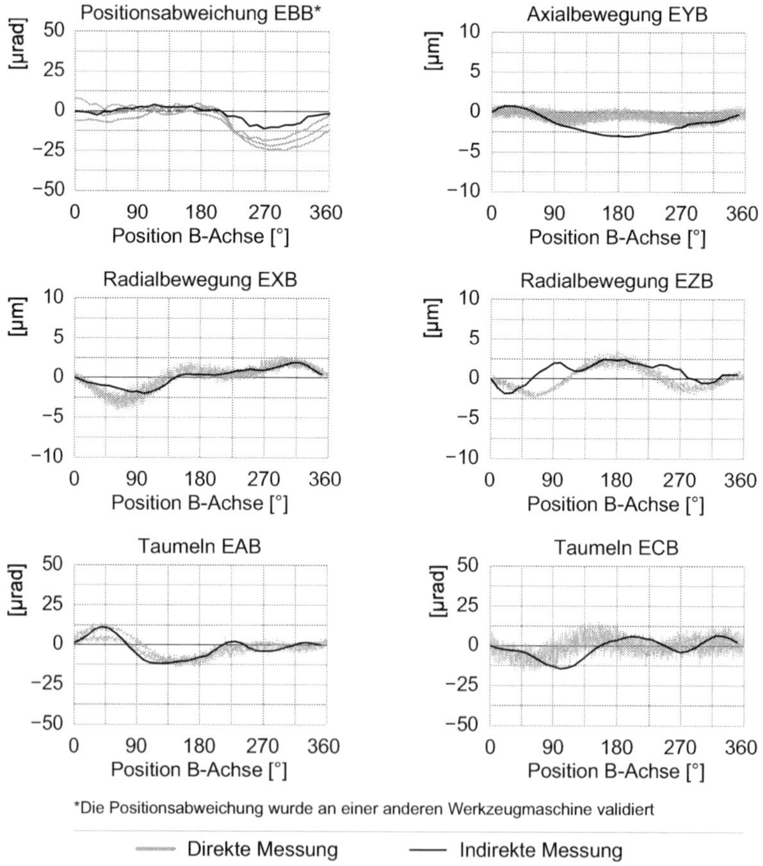

Bild 6.13: Vergleich der direkt und der indirekt gemessenen Geometriefehler der Rotationsachse

Die Positionsabweichung *EBB* basiert abweichend von den restlichen Fehlerparametern auf Kalibrierdaten, die mit einem externen Winkelencoder aufgenommen wurden. Die Messergebnisse des Positionsfehlers weichen von den Ergebnissen aus Bild 6.4 ab, da diese Messung an einer anderen Werkzeugmaschine durchgeführt wurde. Da bei beiden Werkzeugmaschinen eine vergleichbare indirekte Messung mit gleicher Auswertung durchgeführt wurde, können diese Daten dennoch zur Validierung der gesamten Kalibrierergebnisse herangezogen werden.

Die Darstellung der Ergebnisse in Bild 6.13 zeigt, dass die direkt gemessenen Werte mit den indirekt gemessenen Werten gut übereinstimmen. Restabweichungen resultieren aus den beschriebenen Unsicherheitsbeiträgen, in erster Linie der Unsicherheit der Reflektorpositionen aufgrund der Fehler der Linearachsen. Gleichzeitig bestätigen die Ergebnisse, dass die Geometriefehler von Rotationsachsen in Werkzeugmaschinen im Allgemeinen eher klein ausfallen. Aufgrund der erhöhten Unsicherheit gegenüber der Kalibrierung von Linearachsen und der geringen Ausprägung der Fehlerparameter stellt die indirekte Kalibrierung von Rotationsachsen mit Tracking-Interferometern eine große Herausforderung dar. Dennoch zeigen die Ergebnisse, dass das Verfahren zur Kalibrierung von Rotationsachsen geeignet ist.

6.5 Beantwortung der Forschungsfrage

Die Messergebnisse zeigen, dass die Fehlerparameter einer Rotationsachse vollständig nach dem Prinzip der sequentiellen Multilateration kalibriert werden können. Während die Komponentenabweichungen und die Position der Rotationsachsen mit hinreichend geringer Unsicherheit gemessen werden können, sind die Ergebnisse der Rechtwinkligkeit gegenüber den Linearachsen mit einer relativ großen Unsicherheit verbunden. Die 0-Hpyothese kann demnach für die Komponentenabweichungen und die Positionsbestimmung verworfen werden. Für die Rechtwinkligkeit aber gilt, dass die Unsicherheit für einige Anwendungen zu groß sein könnte. Eine weitere Einschränkung gilt für Rotationsachsen, die um weniger als 360° gedreht werden können. Die Unsicherheit der Ergebnisse nimmt zu, wenn nur ein Teilkreis kalibriert werden kann. Dennoch bleibt festzuhalten, dass die Kalibrierung mit Tracking-Interferometern nach aktuellem Stand der Technik das einzige Verfahren ist, das für die vollständige Kalibrierung aller Fehlerparameter einer 5-Achs-Werkzeugmaschine eingesetzt werden kann.

Im praktischen Einsatz ergibt sich die größte Herausforderung bei der Entwicklung einer geeigneten Messstrategie. Der beschränkte Öffnungswinkel des Reflektors in Kombination mit der Forderung, diesen während der gesamten Messung nicht zu drehen, sowie der begrenzte Drehwinkel des LaserTracers erfordern eine sorgfältige Planung der Messstrategie. Der Anwender wird daher im Vorfeld der Messung durch ein aufwändiges Softwaremodul bei der Strategieplanung unterstützt. Zudem ergibt sich eine Einschränkung für Werkzeugmaschinen mit einem kleineren Arbeitsvolumen. Eine Messung unter Einhaltung der zuvor genannten Randbedingungen führt hier in der Regel zu einer erhöhten Messunsicherheit, die eine reproduzierbare Messung erschwert.

7 Kontinuierliche Kalibrierung

Ressourceneffizienz ist eine zentrale Herausforderung der modernen Produktionstechnik [KLOC08]. DYCKHOFF definiert die Effizienz als die Optimierung des Verhältnisses zwischen dem Produktionsoutput und dem dazu notwendigen Faktoreinsatz [DYCK03 S. 136ff.]. Sie ist unter anderem abhängig vom Maschinennutzungsgrad. Stillstandszeiten aufgrund von Störungen, Wartungen, der Inbetriebnahme usw. wirken sich unmittelbar negativ auf die Ressourceneffizienz der Produktion aus. [HAUB08 S. 125ff.]

Ein Hinderungsgrund für die Kalibrierung von Werkzeugmaschinen ist die Minderung des Maschinennutzungsgrad aufgrund der Messzeiten zur Erfassung der Fehlerparameter [SCHM09d, SCHW09a]. Auch wenn die Kalibrierung von Werkzeugmaschinen mit Tracking-Interferometern bereits zu einer deutlichen Verkürzung der Messzeiten geführt hat, ist das Potential dieser Technologie noch nicht ausgeschöpft. Die Messung der Längenabweichungen, die sich aus der Abweichung der Ist-Position der Werkzeugmaschine von ihrer Sollposition ergibt, wird mit dem Tracking-Interferometer während des Stillstands der Maschine gemessen. Dieser Stillstand hat einen großen Anteil an der gesamten Messzeit (Tabelle 7.1).

Stillstandszeiten				
Messvolumen	1 m³		3 m³	
Messpunktintervall	25 mm	10 mm	25 mm	10 mm
Gesamtdauer	128 min (2,1 h)	282 min (4,7 h)	385 min (6,4 h)	847 min (14,1 h)
Stillstandszeiten	103 min (1,7 h)	257 min (4,3 h)	308 min (5 h)	770 min (12,8 h)
Relativer Anteil der Stillstandszeiten [%]	80 %	90 %	80 %	90 %

Tabelle 7.1: Anteil der Stillstandszeiten an der Kalibrierdauer, Annahme: Stillstandszeit pro Messpunkt: 3 Sekunden, Geschwindigkeit: 2000 mm/min, Anzahl der Positionen des Tracking-Interferometers: 4

Ein vielversprechender Ansatz, die Kalibrierung von Werkzeugmaschinen mit Tracking-Interferometern effizienter zu gestalten und somit einem Hinderungsgrund für deren Einsatz zu begegnen, ist die kontinuierliche Messung bei bewegter Maschine, die keinen Stillstand der Werkzeugmaschine am Messpunkt erfordert. Der kontinuierlichen Messung liegt die Annahme zugrunde, dass die gemessenen Längenabweichungen bei einer gleichmäßigen, unbeschleunigten Bewegung der Werkzeugmaschine vergleichbar sind mit den statischen Abweichungen. Um die einleitende Forschungsfrage zur kontinuierlichen Kalibrierung aus Kapitel 1 zu beantworten, wird folgende zwei 0-Hypothese aufgestellt:

Die Dauer der Kalibrierung von Werkzeugmaschinen mit Tracking-Interferometern kann durch eine kontinuierliche Messung bei bewegter Maschine nicht signifikant reduziert.

Die geometrischen Fehlerparameter können bei einer kontinuierlichen Kalibrierung mit Tracking-Interferometern nicht mit hinreichend geringer Unsicherheit gemessen werden.

Zur Widerlegung dieser 0-Hypothesen wird ein Verfahren zur kontinuierlichen Messung bei bewegter Maschine entwickelt und dessen Eignung für den industriellen Einsatz validiert. Die Untersuchung erfolgt repräsentativ für einen LaserTracer. Untersuchungen zur Synchronisation eines Lasertrackers mit einem Roboter wurden erfolgreich vom Geodätischen Institut in Karlsruhe (GIK) durchgeführt [HENN09; JURE08b; JURE08a; HENN06b].

7.1 Anforderungen an die kontinuierliche Kalibrierung

Die kontinuierliche Kalibrierung bietet die Möglichkeit zur Verkürzung der Messzeit bei gleichzeitiger Steigerung der Messpunktdichte. Bei der Weiterentwicklung des Verfahrens von der statischen Messung zur kontinuierlichen Messung müssen aber auch die in Abschnitt 4.3 formulierten Anforderungen an die Systeme zur parametrischen Kalibrierung von Werkzeugmaschinen berücksichtigt werden, insbesondere die Messunsicherheit, die Handhabung und die Kosten für die Erweiterung.

Die Anforderung an die Messpunktdichte ist abhängig von der Stabilität der geometrischen Fehlerparameter über die Distanz der Achsbewegung. Bei der kontinuierlichen Messung wird die Dichte durch die Messfrequenz und die Verfahrgeschwindigkeit der Werkzeugmaschine definiert. Auch wenn die geometrischen Fehlerparameter in vielen Fällen mit einem Messpunktabstand von 10 mm hinreichend genau beschrieben werden können, wird für das Verfahren der kontinuierlichen Kalibrierung ein Abstand der Messpunkte von einem Millimeter angestrebt, um das Verfahren auch bei anspruchsvolleren Messaufgaben nutzen zu können.

Die Dauer der kontinuierlichen Messung ist abhängig von der Verfahrgeschwindigkeit der Werkzeugmaschine. Zudem kann die Ausprägung der geometrischen Fehlerparameter – je nach eingesetztem Antrieb und der Führungen – bei verschiedenen Geschwindigkeiten unterschiedlich ausfallen. Allgemein ist eine Messung anzustreben, die mit den späteren Einsatzbedingungen der Werkzeugmaschine gut übereinstimmt. Ausgehend von der Messdauer der statischen Kalibrierung wird eine Reduzierung der Messzeit von 80-90% angestrebt, die bei einer Verfahrgeschwindigkeit der Werkzeugmaschine von 2000 mm/min erreicht werden kann (vgl. Abschnitt 7.5).

Die Verfahrgeschwindigkeit der Werkzeugmaschine hat einen wesentlichen Einfluss auf die Messunsicherheit. Abweichungen der Synchronizität zwischen der Positionsmessung der Werkzeugmaschine und der Längenmessung des LaserTracers wirken sich unmittelbar auf das Messergebnis aus. Um die geometrischen Fehlerparameter hinreichend beschreiben zu können, muss in vielen Fällen eine Unsicherheit von wenigen Mikrometern eingehalten werden. Es wird daher angestrebt, den erweiterten Unsicherheitsbeitrag, der auf den Synchronizitätsfehler zurückgeführt werden kann, auf unter einen Mikrometer bei einem Vertrauensniveau von ca. 95% (2 Sigma) zu begrenzen.

Unter der Annahme einer Verfahrgeschwindigkeit von 2000 mm/min und einem minimalen Messpunktabstand von einem Millimeter ergibt sich ein zeitliches Messintervall von 30 Millisekunden. Innerhalb dieser Zeit müssen alle Aktionen zur Messdatenaufnahme abgeschlossen sein, so dass ein weiterer Messtakt folgen kann [HENN09; JURE08b; JURE08a; HENN06b].

Neben diesen technologischen Anforderungen ist die einfache Handhabung und die Übertragbarkeit der Lösung auf verschiedene Werkzeugmaschinen bzw. Steuerungstypen ein entscheidendes Kriterium, um die Akzeptanz der kontinuierlichen Kalibrierung im industriellen Einsatz zu erreichen.

Tabelle 7.2: Anforderungen an die kontinuierliche Kalibrierung mit LaserTracern

	Anforderung	Zielgröße
Technologische Anforderungen	Messpunktabstand	1-10 Millimeter
	Reduktion der Messdauer gegenüber der statischen Messung	80-90 %
	Resultierende absolute Messdauer (Arbeitsvolumen 1 m^3)	~ 25 Minuten
	Resultierende Verfahrgeschwindigkeit	2000 mm/min
	Resultierendes Messintervall	< 30 Millisekunden
	Abweichung gegenüber der statischen Messung	< 1 Mikrometer
Sonstige Anforderungen	Geringe Zusatzkosten für die Erweiterung	
	Übertragbarkeit der Lösung auf verschiedene Maschinen- und Steuerungstypen	
	Hohe Benutzerfreundlichkeit	

Im Folgenden wird ein Verfahren zur kontinuierlichen Kalibrierung vor dem Hintergrund der in Tabelle 7.2 zusammengefassten Anforderungen vorgestellt. Den Ausgangspunkt der Entwicklung bilden Überlegungen zur Messstrategie. Aufbauend darauf wird ein Synchronisations-Rechner entwickelt, der flexibel an verschiedenen Maschinentypen eingesetzt werden kann. Das Kalibrierverfahren wird abschließend vor dem Hintergrund der formulierten Anforderungen durch umfangreiche Untersuchungen validiert.

7.2 Messverfahren

Die Messung der Längenabweichungen erfolgt bei der statischen Kalibrierung von Werkzeugmaschinen durch eine Stillstandserkennung am Messpunkt. Die Sollposition der Werkzeugmaschine entspricht der Position aus einem im Vorfeld generierten NC-Programm und ist folglich bekannt. Bei der kontinuierlichen Messung muss die Position der Werkzeugmaschine zeitgleich mit der Längenmessung des Tracking-Interferometers ausgelesen werden.

Die Synchronisation der Längenmessung des Tracking-Interferometers mit den Wegmesssystemen der Werkzeugmaschine kann weg- oder zeitabhängig erfolgen. Die weggebundene Triggerung nutzt die aus dem Winkel- bzw. Längenmesssystem der Werkzeugmaschine erfassten Inkremente. Nach einer definierten Anzahl von Inkrementen wird ein Triggersignal an die Steuerung des Tracking-Interferometers geschickt. Alternativ kann die Messung zeitgebunden synchronisiert werden. Mithilfe eines Taktgebers werden alle Achsensignale und das Wegmesssignal des Tracking-Interferometers synchron gespeichert.

Der Vorteil der weggebundenen Triggerung ist die höhere Wiederholbarkeit der Messung. Die Messpunkte befinden sich mit geringer Unsicherheit immer an derselben Position im Arbeitsvolumen. Zudem müssen die Messwerte der Achspositionen nicht gespeichert werden, da diese durch das Abzählen der Inkremente a priori bekannt sind. Durch die konstante Anzahl notwendiger Inkremente, die zur Triggerung überschritten werden müssen, ergibt sich allerdings ein festes räumliches Raster an definierten Messpunkten. Bei der überlagerten Bewegung mehrerer Achsen, wie z.B. diagonalen oder kreisförmigen Bewegungen, ergibt sich demnach eine ungleichmäßige Messfrequenz. Bei der zeitgebundenen Triggerung erfolgt die Datenaufnahme unabhängig von der Achsbewegung. Dies wirkt sich auch auf den Ort der Messpunkte im Maschinenvolumen aus, da die Messung bei jeder Wiederholung an einer leicht unterschiedlichen Position erfolgt. Sämtliche Messwerte der Werkzeugmaschine müssen zudem gespeichert werden, was einen höheren Aufwand bei der Datenspeicherung mit sich bringt.

Aufgrund des angestrebten geringen Messpunktabstands von ca. einem Millimeter (vgl. Tabelle 7.2) und der geringen Änderung der Fehlerparameter mit der Strecke wirkt sich eine Verschiebung der Messposition zwischen den Messungen kaum auf das Messergebnis aus, so dass dieser Nachteil der zeitgebundenen Triggerung vernachlässigt werden kann. Die Speicherung der Achspositionen ist zwar aufwändiger als bei der weggebundenen Triggerung, erlaubt aber auch eine bessere Kontrolle der Messergebnisse. Die folgende Auslegung einer Lösung zur Synchronisation der Werkzeugmaschine mit dem LaserTracer erfolgt daher mit einer zeitgebundenen Triggerung.

7.3 Synchronisation

Der Ausgangspunkt für die Synchronisation der Wegmesssysteme der Werkzeugmaschine mit der Längenmessung von Tracking-Interferometern ist eine Analyse der vorhandenen Schnittstellen an beiden Systemen. Die Synchronisation erfolgt über einen externen Rechner, mit dem sämtliche Messdaten aufgenommen, gespeichert und weiterverarbeitet werden. Der Fokus der Hardwareentwicklung liegt gemäß den Anforderungen aus Abschnitt 7.1 auf der Synchronizität der Messwertaufnahme, der Einhaltung eines Messintervalls von 30 Millisekunden, der Übertragbarkeit der Lösung und den Kosten für die Systemerweiterung.

7.3.1 Schnittstellenanalyse

Um die Messungen der Werkzeugmaschine und das Tracking-Interferometers zu synchronisieren, ist es erforderlich, dass die Daten von beiden Systemen in Echtzeit aufgenommen werden können. Die Echtzeitfähigkeit ist dann gegeben, wenn der zeitliche Versatz zwischen der Anforderung der Daten und der Aufnahme der Daten hinreichend gering ist. Um die Schnittstellen für einen geeigneten Signalabgriff an der Werkzeugmaschine zu identifizieren, wird im Folgenden die Maschinensteuerung näher betrachtet.

Die Maschinensteuerung erfolgt durch die numerische Steuerung (Bild 7.1), die aus verschiedenen Komponenten besteht, der Speicherprogrammierbaren Steuerung (SPS), dem NC-Kern und der Bedienbereich-Hardware [BREC06 S. 160].

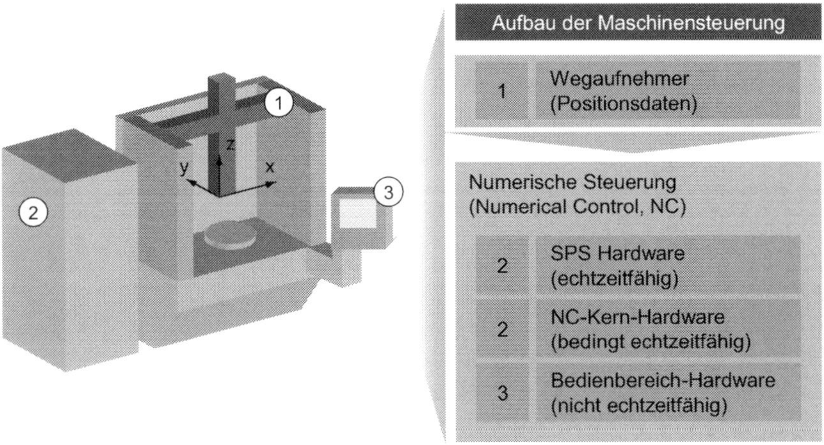

Bild 7.1: Schnittstellen für die Positionsmessung an der Werkzeugmaschine

Die Hauptaufgabe der SPS besteht in der Steuerung und Überwachung der logischen Funktionen der Werkzeugmaschine, wie der Verwaltung der Werkzeuge, der Überwachung des Türschließmechanismus oder der Aktivierung der Spindel. Der NC-Kern steuert die Achspositionen der Werkzeugmaschine auf Basis der Positionsdaten der Wegaufnehmer und der Vorgaben des NC-Programms. Aufgrund der Taktung des NC-Kerns mit einer Millisekunde ist dieser im Sinne der synchronen Datenaufnahme nur bedingt echtzeitfähig. Der Bedienbereich bildet die Schnittstelle zum Menschen, der mittels einer Bedientafel die logischen Funktionen der Werkzeugmaschine bedienen und NC-Programme in den Speicherbereich der Maschine übertragen kann. Der Bedienbereich ist in der Regel nicht echtzeitfähig.

Aufgrund der mangelnden Echtzeitfähigkeit bei der Verarbeitung der Positionsdaten in der numerischen Steuerung wird das analoge Signal der Wegaufnehmer für die Synchronisation der Werkzeugmaschine und des Tracking-Interferometers vor der Weiterverarbeitung über einen y-Stecker abgegriffen (Bild 7.2) und in einem externen Rechner mittels Zählerkarten digitalisiert.

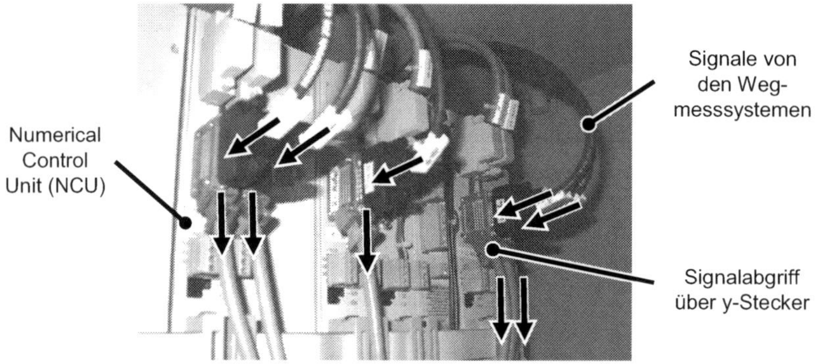

Bild 7.2: Analoger Signalabgriff der Wegmesssysteme über y-Stecker vor der Weiterverarbeitung der Positionsdaten durch die numerische Steuerung

Neben der Echtzeitfähigkeit kann durch diesen Signalabgriff die Position der Achsen unabhängig von der verwendeten Maschinensteuerung ausgelesen werden. Eine Nachrüstung der Steuerung ist nicht erforderlich, so dass auch ältere Werkzeugmaschinen durch diesen Signalabgriff mit dem Tracking-Interferometer synchronisiert werden können. Je nach verwendetem Wegmesssystem stehen verschiedene Signalformen zur Verfügung. Die gebräuchlichsten Signalformen sind analoge Spannungs- oder Stromsignale sowie digitale Signale, die von machen Herstellern kodiert werden.

Die Steuerung des LaserTracers verfügt über zwei Möglichkeiten zum Signalabgriff, eine digitale und eine analoge Schnittstelle (Bild 7.3). Um die Längenmessung mit der Positionsmessung der Werkzeugmaschine zu synchronisieren, muss die Steuerung des LaserTracers über ein externes Signal getriggert werden. Die Daten können dann über eine serielle Schnittstelle ausgelesen werden. Parallel besteht die Möglichkeit zur Digitalisierung des analogen Wegsignals, das kontinuierlich abgegriffen werden kann. Der Nachteil des analogen Signals ist, dass die Inkremente nachträglich über die aktuelle Wellenlänge in einen Längenmesswert umgerechnet werden müssen.

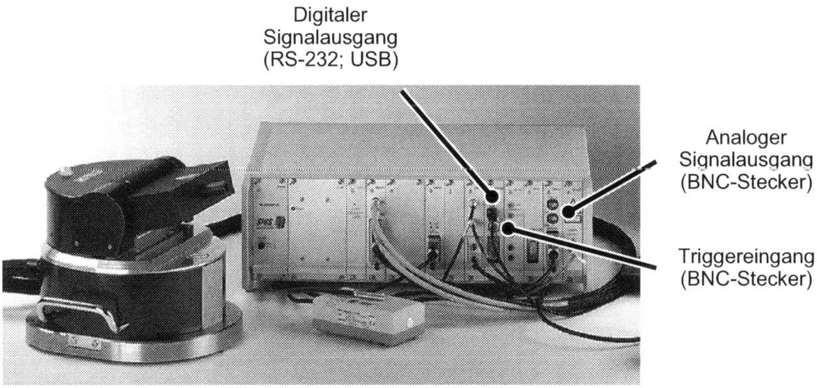

Bild 7.3: Schnittstellen für die Längenmessung an der Steuerung des LaserTracers

Beim Lasertracker der Firma Leica verfügt die Steuerung „LT-Controller plus" über die Möglichkeit, Messungen über ein externes Triggersignal auszulösen. Bei der kontinuierlichen Messung werden unabhängig vom Triggersignal die Messwerte der Längen- und Winkelmesssysteme mit einer internen Taktrate von 3 kHz aufgezeichnet. Empfängt die Steuerung ein Triggersignal, wird das Messergebnis über Interpolation der zeitlich benachbarten Messwerte berechnet [HENN09, JURE08a; JURE08b].

7.3.2 Entwicklung eines Synchronisationsmoduls

Die Synchronisation der Werkzeugmaschine mit dem Tracking-Interferometer erfolgt mithilfe eines Industrierechners mit einem echtzeitfähigen Linux-Betriebssystem. Dieser verfügt über drei Zählerkarten, mit denen die analogen Spannungssignale der Werkzeugmaschine digitalisiert werden können (Bild 7.4).

Der analoge Längenmesswert des LaserTracers kann ebenfalls mit den Zählerkarten digitalisiert werden. Zusätzlich besteht die Möglichkeit, die digitalisierten und korrigierten Längenmesswerte des LaserTracers über ein Triggersignal anzufordern und über eine serielle Schnittstelle auszulesen. Synchronisiert werden die Zählerkarten über eine Steckkarte, die das Triggersignal einer Zählerkarte an sich selbst, an die zwei weiteren Zählerkarten sowie über einen BNC-Anschluss an den LaserTracer weiterleitet.

Beim analogen Abgriff wird das Spannungssignal des LaserTracers synchron mit den Signalen der Werkzeugmaschine digitalisiert. Beim Abgriff des digitalen Signals wird die Messung durch ein Triggersignal an die Steuerung des LaserTracers ausgelöst, dort gespeichert und über eine RS232-Schnittstelle auf den Synchronisations-Rechner übertragen. Sämtliche Messwerte werden mit einem Zeitstempel gespeichert und können über eine Ethernet-Schnittstelle auf einen Messrechner übertragen werden.

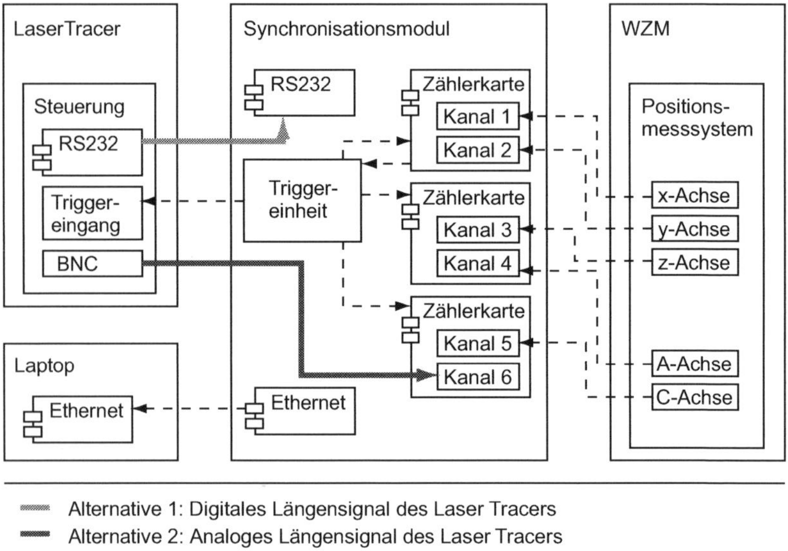

Bild 7.4: Verteilungsdiagramm: Synchronisation der Längenmessung des LaserTracers mit der Positionsmessung der Werkzeugmaschine

Bild 7.5 zeigt den Aufbau des echtzeitfähigen Synchronisationsrechners. Entscheidend für die Flexibilität des Rechners und die Unsicherheit der Messung ist die Verwendung von hochwertigen Zählerkarten, mit denen die verschiedenen analogen und digitalen Signalformen aus den Wegmesssystemen der Werkzeugmaschine verarbeitet werden können.

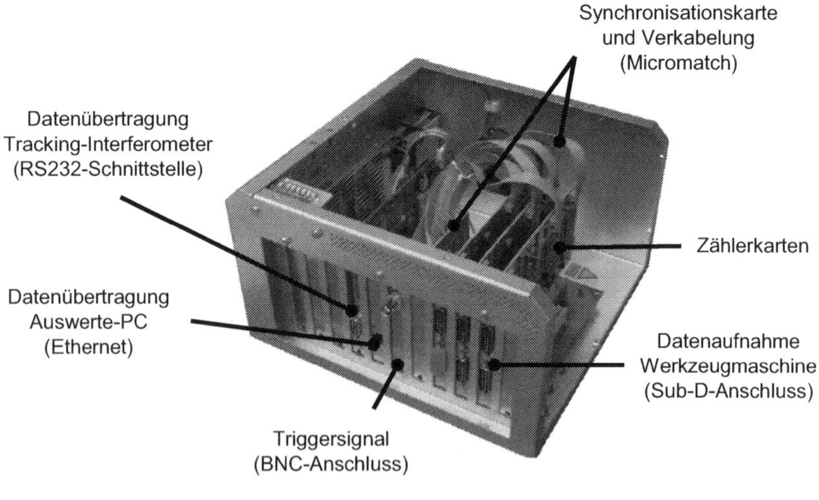

Bild 7.5: Aufbau des echtzeitfähigen Synchronisationsrechners

Mit der ausgewählten Zählerkarte IK 220 der Firma Heidenhain können zwei Wegsignale mit sinusförmigen Stromsignalen (11 μA_{SS}) oder Spannungssignalen (1 V_{SS}) beziehungsweise zwei digitale Signale im EnDat- oder SSI-Format verarbeitet werden. Die Interpolations-Elektronik der Zählerkarte unterteilt die Signalperiode des Eingangs-Signals in bis zu 4096 Schritte.

7.4 Messunsicherheit

Gegenüber der statischen Kalibrierung wirken bei der kontinuierlichen Messung zusätzliche Unsicherheitseinflüsse. Die kombinierte Unsicherheit der kontinuierlichen Kalibrierung soll gemäß den Anforderungen aus Abschnitt 7.1 einen Mikrometer für ein Vertrauensniveau von 95% (2 Sigma) nicht überschreiten, um auch weiterhin die geometrischen Fehlerparameter von Werkzeugmaschine mit hinreichend geringer Unsicherheit messen zu können. Um die relevanten Unsicherheitsbeiträge der kontinuierlichen Messung zu identifizieren und diese zu quantifizieren, werden vor der endgültigen Verifizierung der kontinuierlichen Kalibrierung Versuche zur selektiven Betrachtung der Unsicherheitsbeiträge durchgeführt. Die beschriebenen Untersuchungen wurden repräsentativ an einem LaserTracer durchgeführt und können auf Lasertracker übertragen werden.

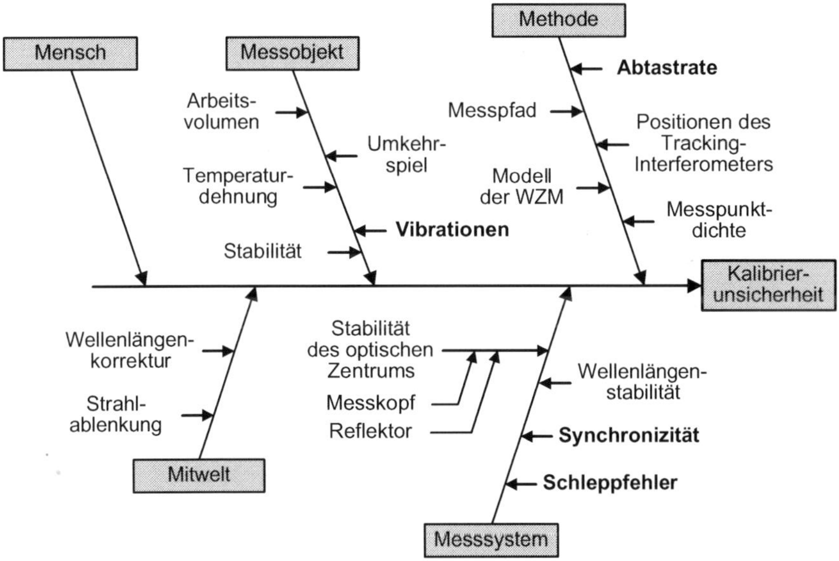

Bild 7.6: Erweitertes Unsicherheitsmodell der kontinuierlichen Messung

Das Unsicherheitsmodell der kontinuierlichen Messung muss gegenüber der statischen Messung durch die verminderte Abtastrate, die Synchronizität der Messung sowie den Schleppfehler ergänzt werden (Bild 7.6). Zusätzlich wirken sich Vibrationen während der Bewegung der Maschine auf das Messergebnis aus. Diese können nicht modelliert werden und müssen somit soweit wie möglich reduziert werden.

7.4.1 Abtastrate

Bei der statischen Messung erfolgt die Messung an einem Messpunkt durch Mittelwertbildung über 1.000 Längenmesswerte. Aufgrund der kontinuierlichen Bewegung des Reflektors kann bei der kontinuierlichen Messung nur ein einziger Messwert aufgenommen werden. Ohne die Mittelwertbildung wirken sich zufällige Messabweichungen der interferometrischen Längenmessung stärker auf das Messergebnis aus. Um diesen Unsicherheitseinfluss zu quantifizieren, wurden Längenmessungen in einer Entfernung von 500 Millimetern zwischen dem Tracking-Interferometer und dem Reflektor durchgeführt. Während der gesamten Messung wird der Reflektor nicht bewegt. Die gemessenen Werte werden zu Stichproben abnehmenden Umfangs von 500 Werten bis zu einem Wert zusammengefasst und jeweils der Mittelwert der einzelnen Stichprobe berechnet. Anschließend wird die Streuung der Mittelwerte in Abhängigkeit des Stichprobenumfangs berechnet.

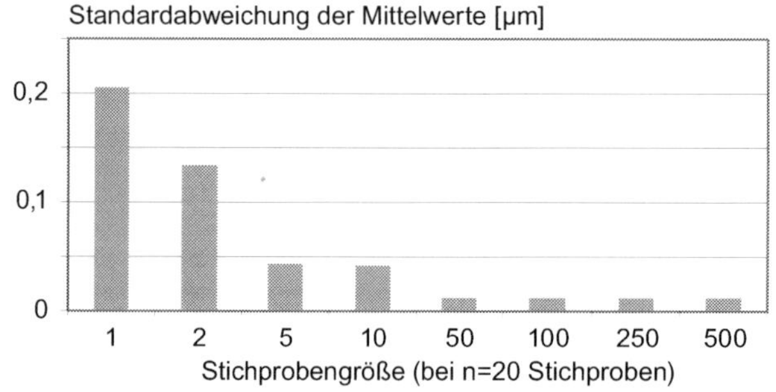

Bild 7.7: Standabweichung der Mittelwerte in Abhängigkeit der Stichprobengröße

Bild 7.7 zeigt das Ergebnis der beschriebenen Untersuchung. Während die Streuung der Mittelwerte bis zu einem Stichprobenumfang von 50 konstant ist, steigt diese bei einer weiteren Reduktion des Umfangs stark an. Werden einzelne Messwerte aufgenommen, wie im Fall der kontinuierlichen Kalibrierung, so muss dieser Beitrag der Abtastrate mit ca. 0,2 µm (1 Sigma) im Unsicherheitsbudget der kontinuierlichen Kalibrierung berücksichtigt werden.

7.4.2 Synchronizitätsfehler

Abweichungen von der Synchronizität der Positionsmessung der Werkzeugmaschine und der Längenmessung des LaserTracers wirken sich direkt auf das Messergebnis aus. Dieser Unsicherheitsbeitrag steigt mit zunehmender Verfahrgeschwindigkeit der Werkzeugmaschine an und ist somit ein wesentlicher begrenzender Faktor für die Verkürzung der Messzeit.

Die Untersuchung des systematischen und des zufälligen Synchronizitätsfehlers erfolgt für die digitale und die analoge Schnittstelle des LaserTracers durch eine einfache Messung. Im ersten Schritt wird der LaserTracer in der Werkzeugmaschine platziert und der Reflektor an sechs bekannte Positionen im Arbeitsvolumen verfahren. Durch die Messung der Distanz des Reflektors zum Zentrum des LaserTracers kann dessen Position im Maschinenkoordinatensystem mittels Multilateration bestimmt werden (Bild 7.8). Der Reflektor wird auf Basis dieser Information so vor dem LaserTracer positioniert, dass der Laserstrahl bei einer Bewegung des Reflektors entlang einer Maschinenachse mit einer Unsicherheit von wenigen Mikrorad parallel zu einer der Maschinenachsen ausgerichtet ist. Anschließend wird der Reflektor entlang dieser Achse verfahren und die Differenz aus den gemessenen Längen der Werkzeugmaschine und des LaserTracers gebildet.

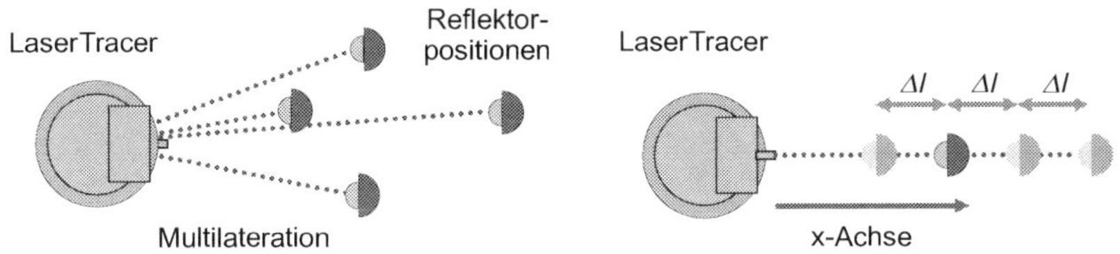

Bild 7.8: Versuchsaufbau zur Untersuchung der Synchronizität

Das Ergebnis der Messung entspricht der Positionsabweichung der verfahrenen Maschinenachse, in diesem Beispiel der x-Achse *EXX* (Bild 7.9). Die gemessene Positionsabweichung $\Delta_{WZM,SYS}$ wird dabei von dem systematischen Synchronisationsfehler $\Delta_{t,sys}$ und einem zufälligen Anteil u überlagert (18).

$$x_{WZM} = x_0 + v \cdot t + u_{WZM} \tag{16}$$

$$x_{Tracer} = x_0 + v \cdot (t + \Delta_{t,SYS}) + \Delta_{WZM,SYS}(x_{WZM}) + u_{Tracer,WZM,t} \tag{17}$$

$$EXX = v \cdot \Delta_{t,SYS} + \Delta_{WZM,SYS}(x_{WZM}) + u_{Tracer,WZM,t} \tag{18}$$

Der Einfluss des systematischen und des zufälligen Synchronizitätsfehlers auf das Messergebnis ist abhängig von der Verfahrgeschwindigkeit v. Ein systematischer Fehler führt je nach Vorzeichen dazu, dass die gemessene Positionsabweichung zu- oder abnimmt. Der zufällige Anteil wirkt sich auf die Streuung der Messwerte aus.

Bild 7.9 zeigt die Ergebnisse der Untersuchung für die digitale Schnittstelle des LaserTracers. Deutlich zu erkennen ist die zunehmende Positionsabweichung der x-Achse, die auf einer Länge von 300 Millimetern maximal fünf Mikrometer beträgt, sowie das mechanische Umkehrspiel der Achse, das dazu führt, dass zwischen dem Vor- und dem Rücklauf der Bewegung eine annähernd konstante Differenz von zwei Mikrometern liegt. In den Beschleunigungsphasen kommt es zudem zu einem Überschwingen des Reflektors.

Werden die Ergebnisse der kontinuierlichen Messung für verschiedene Geschwindigkeiten separat untereinander aufgetragen, zeigt sich, dass die Streuung der Messwerte mit zunehmender Verfahrgeschwindigkeit der Achse zunimmt. Die geforderte Messunsicherheit der kontinuierlichen Kalibrierung von einem Mikrometer kann nicht eingehalten werden. Eine Ursache für die Zunahme der Streuung ist die digitale Verarbeitung der Messwerte in der Steuerung, die so viel Zeit in Anspruch nimmt, dass die angestrebte Messfrequenz von 30 Millisekunden nicht eingehalten werden kann.

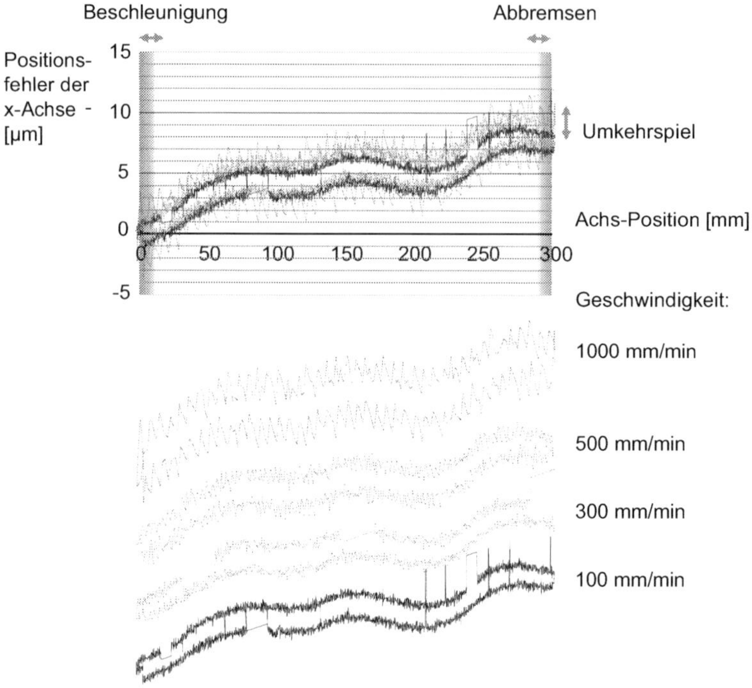

Bild 7.9: Gemessene Positionsabweichung *EXX* in Abhängigkeit der Verfahrgeschwindigkeit der Werkzeugmaschine (unten: separierte Darstellung)

Alternativ können die Messwerte an der analogen Schnittstelle des LaserTracers abgegriffen werden. Bild 7.10 zeigt das Ergebnis einer analogen Untersuchung des Synchronizitätsfehlers. Im Gegensatz zum digitalen Signalabgriff steigt die Streuung der Messwerte erst bei wesentlich höheren Geschwindigkeiten an. Ein systematischer Synchronizitätsfehler, der dazu führen würde, dass sich das gemessene Umkehrspiel vergrößern oder verkleinern würde, ist nicht zu erkennen.

In den folgenden Untersuchungen zur kontinuierlichen Messungen wird daher das Signal der Längenmessung über den analogen Anschluss des LaserTracers abgegriffen. Eine Ursache für die Zunahme der zufälligen Abweichungen sind Vibrationen der Werkzeugmaschine. Um diesen Effekt zu begrenzen, werden die folgenden Untersuchungen mit einer Geschwindigkeit der Reflektorbewegung von 2000 mm/min durchgeführt.

Die analogen Signale der Steuerung des LaserTracers repräsentieren die positive und negative Interferenz am Detektor des Laserinterferometers und müssen offline über die aktuelle Wellenlänge in einen Längenwert umgerechnet werden. Da sich die Wellenlänge nur langsam mit der Zeit verändert, wird diese wiederum über die digitale Schnittstelle des LaserTracers abgefragt.

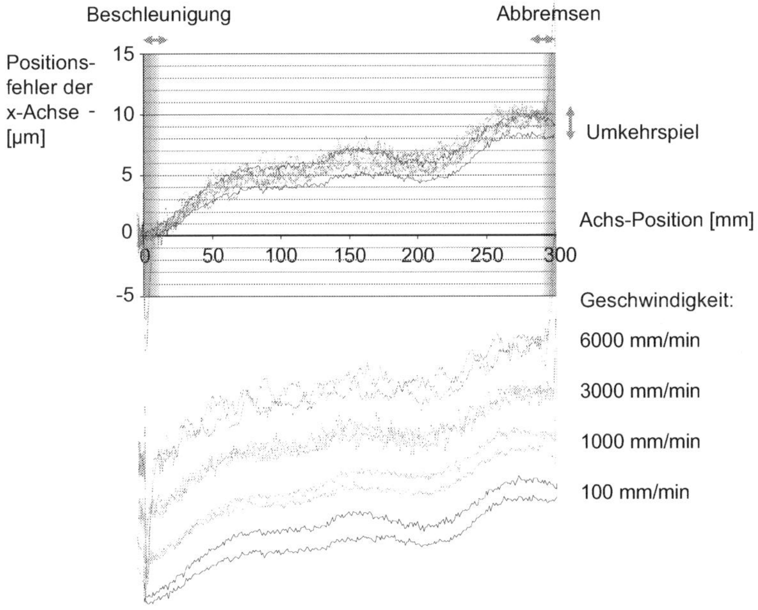

Bild 7.10: Gemessene Positionsabweichung *EXX* in Abhängigkeit der Verfahrgeschwindigkeit der Werkzeugmaschine (unten: separierte Darstellung)

7.4.3 Schleppfehler

Erfolgt die Bewegung des Reflektors nicht in Richtung des Laserstrahls, führen die lateralen Bewegungsanteile dazu, dass der Laserstrahl nachgeführt werden muss. Die Nachführung erfolgt mit einer Verzögerung, die dazu führt, dass der Laserstrahl nicht das Zentrum des Reflektors trifft. Dieser Versatz des Laserstrahls aufgrund einer Bewegung des Reflektors wird als Schleppfehler bezeichnet. Die Auswirkungen auf die Längenmessung sind abhängig von der Geschwindigkeit des Reflektors.

Analog zu den beschriebenen Messungen zum Synchronizitätsfehler im vorangegangenen Abschnitt wurden daher Messungen durchgeführt, bei denen der Reflektor mit verschiedenen Geschwindigkeiten an dem LaserTracer vorbei bewegt wurde. Die Soll-Länge für diese Messungen kann über die Position des LaserTracers und den Pfad des Reflektors berechnet werden. Das Ergebnis aus der Differenz zwischen der Soll-Länge und der gemessenen Längen zeigt Bild 7.11 für verschiedene Verfahrgeschwindigkeiten des Reflektors.

Die in Bild 7.11 dargestellten Ergebnisse zeigen, dass die Streuung der Messwerte mit steigender Geschwindigkeit zunimmt. Die ausgeprägten Schwankungen bei der Achs-Position 400 mm legen nahe, dass es bei zunehmenden Geschwindigkeiten zu lokal begrenzten Schwingungen auf der Maschine oder der Nachregelung des LaserTracers kommt. Eine systematische Veränderung der Messwerte ist hingegen nicht erkennbar. Die Ergebnisse bestätigen, dass die folgenden Untersuchungen mit einer Geschwindigkeit des Reflektors von 2000 mm/min durchgeführt werden können.

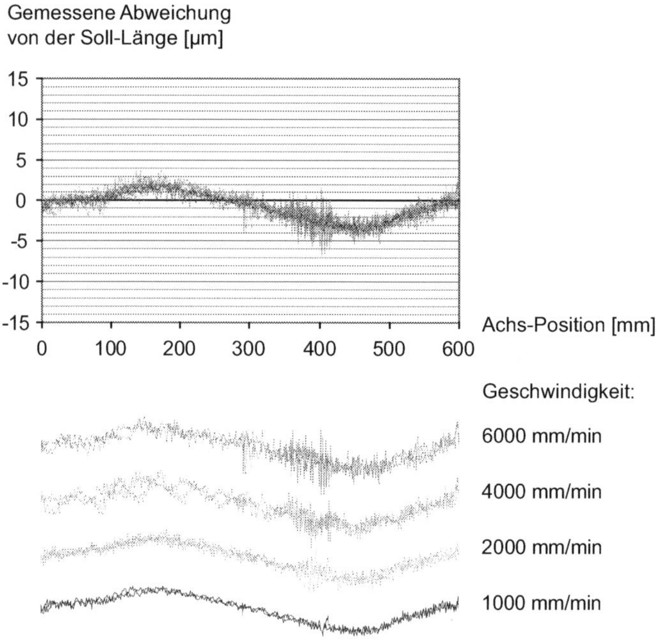

Bild 7.11: Gemessene Abweichung von der Soll-Länge in Abhängigkeit der Verfahrgeschwindigkeit der Werkzeugmaschine (unten: separierte Darstellung)

7.5 Validierung der kontinuierlichen Kalibrierung

Die Validierung der kontinuierlichen Messung erfolgt durch einen Vergleich einer statischen mit einer kontinuierlichen Messung. Die Bewertung der Ergebnisse erfolgt gemäß der definierten Anforderungen aus Abschnitt 7.1 in Bezug auf die Einhaltung einer hinreichend geringen Messunsicherheit, der geforderten Messpunktdichte, der Übertragbarkeit der Lösung sowie der Verkürzung der Messdauer.

7.5.1 Abweichung der kontinuierlichen zur statischen Kalibrierung

Um das Verfahren der kontinuierlichen Kalibrierung zu validieren, werden die Ergebnisse einer kontinuierlichen Messung mit den Ergebnissen einer statischen Messung an einer Werkzeugmaschine verglichen. Bild 7.12 zeigt die Ergebnisse für die x-Achse als Auszug einer Kalibriermessung, die statisch mit einer Geschwindigkeit von 2000 mm/min und 6000 mm/min durchgeführt wurde.

Der direkte Vergleich der kontinuierlichen und der statischen Kalibrierung zeigt, dass eine Werkzeugmaschine mittels der kontinuierlichen Kalibrierung mit hinreichend geringer Unsicherheit kalibriert werden kann. Die Abweichungen zwischen statischer und kontinuierlicher Kalibrierung steigen allerdings mit steigender Geschwindigkeit an. Es ist daher sinnvoll, wie bereits vorher gezeigt, die Geschwindigkeit des Reflektors auf 2000 mm/min zu begrenzen.

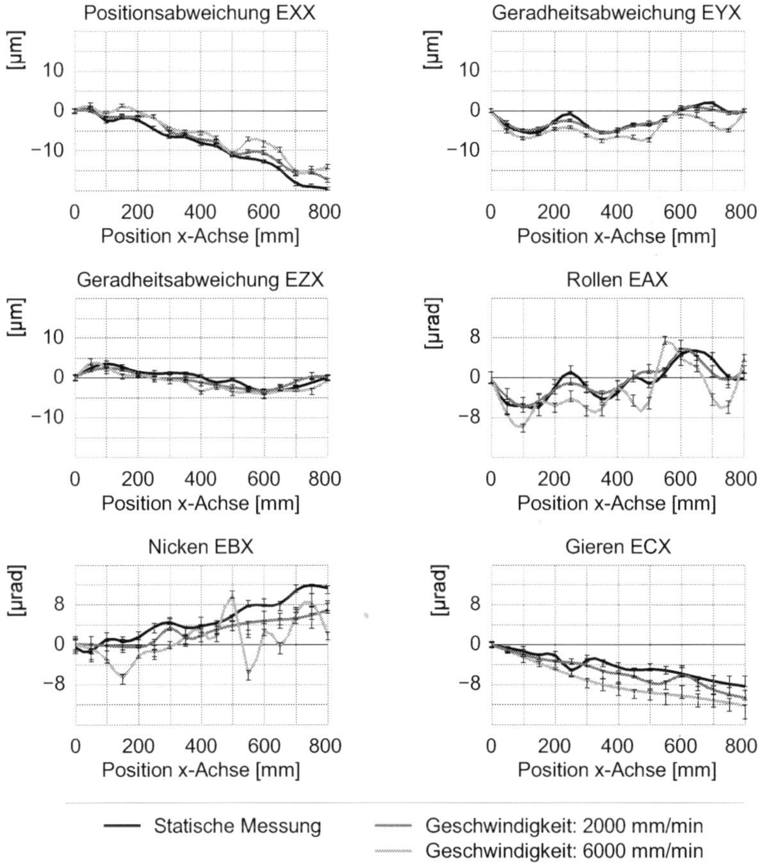

Bild 7.12: Validierung der kontinuierlichen Messung durch den Vergleich mit einer konventionellen statischen Messung

7.5.2 Steigerung der Messpunktdichte

Die Messpunktdichte hat einen wesentlichen Einfluss darauf, wie gut das Verhalten der Werkzeugmaschine durch die Messung beschrieben werden kann. Durch die kontinuierliche Kalibrierung ist es möglich, die Messpunktdichte zu steigern, ohne die Messdauer zu erhöhen. Die Erfahrungen bei der Kalibrierung von Werkzeugmaschinen haben wiederum gezeigt, dass sich die Geometriefehler der Werkzeugmaschine in der Regel nicht sprunghaft verändern, so dass diese mit einem Messpunktabstand von 1 bis 10 Millimeter hinreichend genau beschrieben werden können.

7.5.3 Verkürzung der Messzeit

Neben der Erhöhung der Messpunktdichte ist die Verkürzung der Messdauer ein wichtiger Grund für die kontinuierliche Kalibrierung. Durch die Verkürzung der Messdauer können Stillstandszeiten der Maschine reduziert und entsprechend Kosten durch die Kalibrierung reduziert werden.

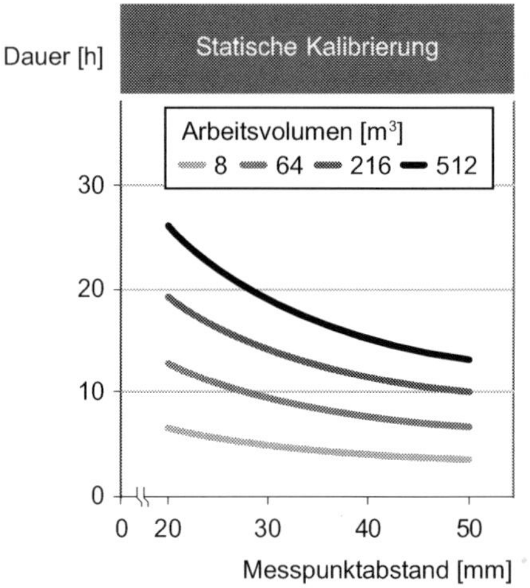

Kontinuierliche Kalibrierung (unabhängig vom Messpunktabstand)	
Arbeitsvolumen [m³]	Dauer [h]
8	1,1
64	2,1
216	3,2
512	4,3

Bild 7.13: Zeitersparnis der kontinuierlichen gegenüber der statischen Kalibrierung

Die Reduktion der Messzeit verdeutlicht Bild 7.13 durch eine Berechnung der Messzeit einer kontinuierliche Kalibrierung mit einer Geschwindigkeit von 2000 mm/min für Werkzeugmaschinen mit einem Arbeitsvolumen von 8 bis 1000 Kubikmetern im direkten Vergleich mit einer statischen Messung mit einem variablen Messpunktabstand zwischen 5 und 50 Millimetern und einer Verweilzeit pro Messpunkt von drei Sekunden. Bei der kontinuierlichen Messung ist die Messdauer unabhängig von dem gewählten Messpunktabstand. Bei beiden Rechnungen wird angenommen, dass die Positionsfehler aus vier Positionen heraus gemessen werden. Das Umrüsten und andere Nebenzeiten werden nicht berücksichtigt.

Die Ergebnisse zeigen, dass durch die kontinuierliche Kalibrierung selbst große Werkzeugmaschinen in weniger als einem Tag kalibriert werden können, während es bei der statischen Kalibrierung erforderlich ist, den Messpunktabstand deutlich zu erhöhen. Die Dauer der statischen Kalibrierung steigt mit der zunehmender Messpunktdichte stark an.

7.5.4 Übertragbarkeit der Lösung

Durch das Auslesen der Maschinenposition an der numerischen Steuerung ist die entwickelte Lösung unabhängig von der anschließenden Verarbeitung der Daten und damit von den verschiedenen Herstellerstandards. Die Lösung lässt sich somit auch auf Werkzeugmaschinen mit Steuerungen anderer Hersteller sowie auf ältere Werkzeugmaschinen ohne großen Aufwand übertragen. Im Synchronisationsmodul können angepasste Zählerkarten eingesetzt werden, so dass auch unterschiedliche Formate der Wegsignale verarbeitet werden können.

Der Abgriff der Signale an der numerischen Steuerung hat allerdings auch den Nachteil, dass das Anschließen der Werkzeugmaschine einen Eingriff in die Steuerung erfordert. Dieser könnte für den Nutzer der Werkzeugmaschine oder auch den Messdienstleister einen Hinderungsgrund darstellen, da mit dem Eingriff eventuell Garantie- oder Gewährleistungsansprüche durch den Maschinenhersteller erlöschen. Alternativ zu der vorgestellten Lösung besteht daher die Möglichkeit, ein Triggersignal von der Steuerung des LaserTracers an die Steuerung der Werkzeugmaschine zu schicken, die dann die aktuelle Position intern speichert. Allerdings erfordert diese Lösung eine entsprechende Anpassung der Maschinensteuerung, die wiederum mit zusätzlichem Aufwand und Stillstandszeiten verbunden ist. Diese Lösung bietet sich daher vor allem für zukünftige Werkzeugmaschinen an, bei denen diese Lösung vom Hersteller bereits vorgesehen ist.

7.6 Beantwortung der Forschungsfrage

Die Ergebnisse aus Abschnitt 7.5 zeigen, dass die zwei 0-Hypothesen zur kontinuierlichen Kalibrierung widerlegt werden können. Die Forschungsfrage, ob Werkzeugmaschinen mit Tracking-Interferometern durch eine kontinuierliche Messung bei bewegter Maschine kalibriert und die Messzeit somit signifikant reduziert werden kann, kann für die gewählte Lösung positiv beantwortet werden. Die zusätzlichen Unsicherheitsbeiträge der kontinuierlichen Messung, wie Vibrationen der Werkzeugmaschine, die verminderte Abtastrate, der Synchronizitätsfehler sowie der Schleppfehler, führen zu hinreichend geringen Abweichungen gegenüber der statischen Messung. Zusätzlich kann durch die kontinuierliche Kalibrierung die Messpunktdichte deutlich erhöht und somit ein wesentlich besseres Bild der Werkzeugmaschine aufgenommen werden. Durch den Abgriff der Signale an der numerischen Steuerung ist die entwickelte Lösung auch auf andere Werkzeugmaschinen übertragbar, insbesondere auch auf ältere Werkzeugmaschinen.

Begrenzt wird die Messgeschwindigkeit vor allem durch Vibrationen der Werkzeugmaschine, die zu einer Steigerung der Streuung der Messergebnisse führen, so dass die Geschwindigkeit des Reflektors im vorliegenden Fall auf 2000 mm/min begrenzt werden musste. Diese Grenze kann für verschiedene Werkzeugmaschinen unterschiedlich ausfallen.

8 Effektivität und Effizienz der Kompensation

Das Ziel der Kalibrierung und der anschließenden Kompensation der geometrischen Fehlerparameter von Werkzeugmaschinen ist die Steigerung der Fertigungsgenauigkeit, um kleinere Toleranzen einhalten zu können oder den Fertigungsprozess besser innerhalb des Toleranzfelds zu zentrieren. Die Kalibrierung und die Kompensation tragen demnach zur Steigerung der Produkt- und Prozessqualität bei.

Die Effektivität der Kompensation ist ein Maß für die Wirksamkeit der Kompensation in Bezug auf die Steigerung der Produkt- und Prozessqualität. Die Effektivität ist abhängig von der Unsicherheit der Kalibrierung und dem Anteil der Geometriefehler an dem Gesamtfehler der Werkzeugmaschine. Die Frage nach der Effektivität muss somit für jeden Fall individuell beantwortet werden. Die Effizienz bezeichnet das Kosten-Nutzen Verhältnis der Kompensation und somit deren Wirtschaftlichkeit. Der Aufwand für die Kompensation setzt sich aus den Kosten für die Aufrüstung der Steuerung und die Kalibriermessung zusammen. Die Langzeit-Stabilität der Kompensation bestimmt, wie oft diese wiederholt werden muss. Diesen Aufwänden gegenüber steht der Nutzen durch eine gesteigerte Produkt- und Prozessqualität. Auch die Frage nach der Effizienz der Kompensation muss für jedes Unternehmen beziehungsweise jeden Prozess individuell geprüft werden.

Um die einleitende Forschungsfrage aus Kapitel 1 zu beantworten, werden folgende zwei 0-Hypothesen aufgestellt:

> *Die Fertigungsgenauigkeit von Werkzeugmaschinen kann durch die Kalibrierung mittels sequentieller Multilateration nicht gesteigert werden.*
>
> *Die Steigerung der Fertigungsgenauigkeit durch die Kalibrierung und die Kompensation der Geometriefehler hat keinen wirtschaftlichen Nutzen.*

Zu Widerlegung der 0-Hypothesen werden im Folgenden Untersuchungen zur Effektivität der Kompensation und zur Steigerung der Prozessfähigkeit an einem Testbauteil durchgeführt. Zur Beurteilung der Effizienz werden die Aufwände für die Kompensation in einer Kosten-Nutzen-Analyse dem Produkt- und Prozessnutzen gegenübergestellt. Es werden Randbedingungen diskutiert, die eine Effizienzsteigerung der Produktion durch die Kompensation begünstigen.

8.1 Effektivität der Kompensation von Geometriefehlern

Die Effektivität der Kompensation von Geometriefehlern ist abhängig von der Restunsicherheit der Kompensation, der Kurzzeitstabilität der Kompensation sowie dem Anteil der Geometriefehler am Produktionsergebnis. Diese sind wiederum abhängig von weiteren Einflüssen, wie der Art der Werkzeugmaschine, den Umgebungsbedingungen und dem Produkt. Die folgenden Untersuchungen werden exemplarisch an einer Werkzeugmaschine der Firma Hermle durchgeführt, die über ein Arbeitsvolumen von unter einem Kubikmeter verfügt und Geometriefehler von wenigen Mikrometern bzw. Mikrorad aufweist (vgl. Abschnitt 2.3). Produziert wird ein Testbauteil aus Aluminium, da davon ausgegangen werden kann, dass die Geometrieabweichungen aufgrund der auftretenden Schnittkräfte im Verhältnis zu härteren Materialien geringer ausfallen.

8.1.1 Restunsicherheit der Kompensation

Die notwendigen Voraussetzungen für eine effektive Kompensation der geometrischen Fehlerparameter sind die Reproduzierbarkeit der systematischen Abweichungen sowie eine hinreichend geringe Unsicherheit der Kalibriermessung.

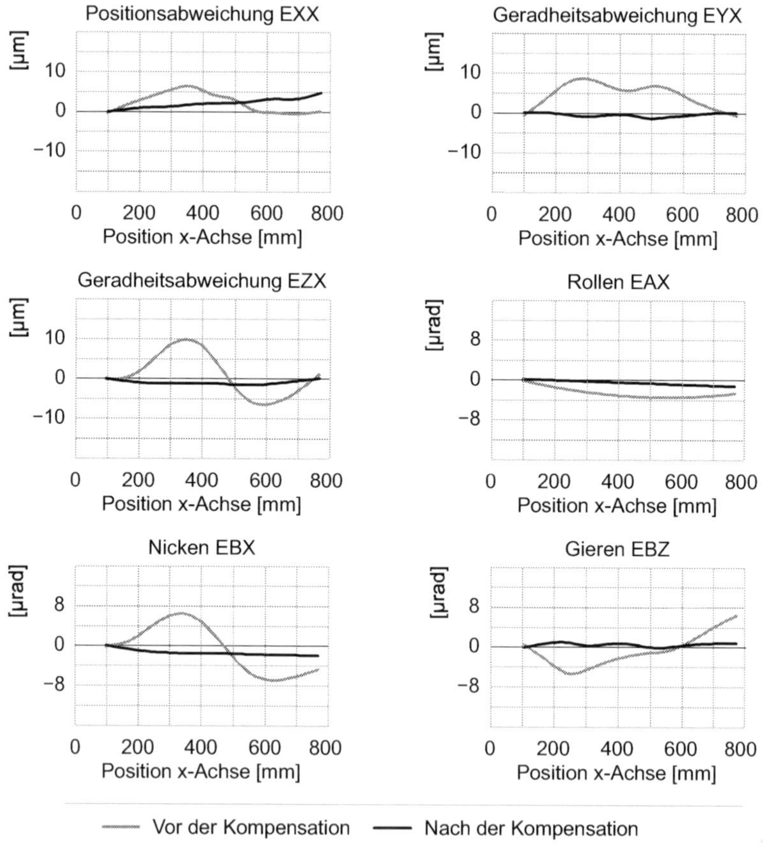

Bild 8.1: Restunsicherheit der Kompensation geometrischer Positionsfehler am Beispiel der Fehlerparameter der x-Achse

Um die Restunsicherheit der Kompensation zu beurteilen, wird eine Wiederholmessung durchgeführt. Hierfür wird eine Werkzeugmaschine mit einem Tracking-Interferometer kalibriert und eine Korrekturtabelle erzeugt, die in der Maschinensteuerung hinterlegt wird. Zwischen den Messpunkten der Tabelle wird ein Korrekturwert interpoliert. Die Korrektur umfasst sämtliche Fehlerparameter der Linerachsen. Eine Kompensation der fehlerhaften Orientierung der Werkzeugs aufgrund der rotatorischen Anteile Nicken, Gieren und Rollen kann nur erfolgen, wenn die Werkzeugmaschine über zusätzliche Drehachsen verfügt, mit denen diese Fehler ausgeglichen werden können. Der Anteil der rotatorischen Abweichungen auf die Position des Tool-Center-Points kann hingegen auch ohne den Einsatz zusätzlicher Rotationsachsen kompensiert werden. Nach der Kompensation der Geometriefehler wird die Kalibriermessung wiederholt. Das Ergebnis der Positionsabweichung vor und nach der Korrektur zeigt Bild 8.1.

Es zeigt sich, dass die Positionsabweichung der Werkzeugmaschine deutlich reduziert werden kann. Die Restabweichungen folgen aus den zufälligen Geometriefehlern der Werkzeugmaschine, der Unsicherheit der Kalibriermessung, die bei der Wiederholmessung zweifach eingeht, sowie den Umgebungsbedingungen.

8.1.2 Stabilität der Kompensation

Eine weitere wichtige Voraussetzung für die Effektivität der Kompensation ist die Stabilität der systematischen Abweichung. Langfristige Effekte, wie der Verschleiß der Führungen, können durch eine Rekalibrierung ausgeglichen werden und haben somit einen Einfluss auf die Wirtschaftlichkeit des Verfahrens und nicht auf die Effektivität der Kompensation (vgl. Abschnitt 8.2).

Die Kurzzeitstabilität wird in erster Linie durch Schwankungen der Umgebungstemperatur beeinflusst. Temperaturschwankungen führen unmittelbar zu einer Verformung der Werkzeugmaschine und somit zu einer Veränderung der geometrischen Fehlerparameter. Verformungen der Werkzeugmaschine aufgrund von internen Hitzequellen, wie der Verlagerung des Werkzeugs aufgrund der Erwärmung der Spindel, werden durch die Kalibriermessung nicht ermittelt, können aber zusätzliche Verlagerungen des Arbeitspunktes von einigen dutzend Mikrometern verursachen. Für die Kompensation dieser Abweichungen sind zusätzliche Sensoren und eigene Kompensationsalgorithmen erforderlich [BREC09]. Die internen Hitzequellen beeinflussen die Effektivität der Kompensation in Bezug auf die Steigerung der Prozessfähigkeit, nicht aber Stabilität der Kompensation.

Um den Einfluss der Temperaturschwankungen der Fertigungsumgebung auf die Kurzzeitstabilität der Kompensation zu bewerten, wird die Positionsabweichung der x-Achse (EXX) einer Werkzeugmaschine über drei Tage an verschiedenen äquidistanten Positionen entlang der x-Achse mit dem Tracking-Interferometer direkt gemessen. Parallel zu dieser Messung wurde die Temperatur in der Umgebung der Werkzeugmaschine mit acht Temperatursensoren in verschiedenen Höhen gemessen. Das Ergebnis ist in Bild 8.2 dargestellt. Die Messwerte der Temperatursensoren sind gemittelt und die Temperaturdifferenzen gegenüber dem Startzeitpunkt der Messung aufgetragen.

Deutlich zeigt sich, dass sich die gemessene Positionsabweichung an den Positionen x=250 mm bis x=650 mm mit dem Mittelwert der gemessenen Temperaturdifferenzen um einige Mikrometer verändert. Aufgrund der Wärmekapazität der Werkzeugmaschine folgt die Geometrieänderung der Temperaturänderung mit einem zeitlichen Versatz.

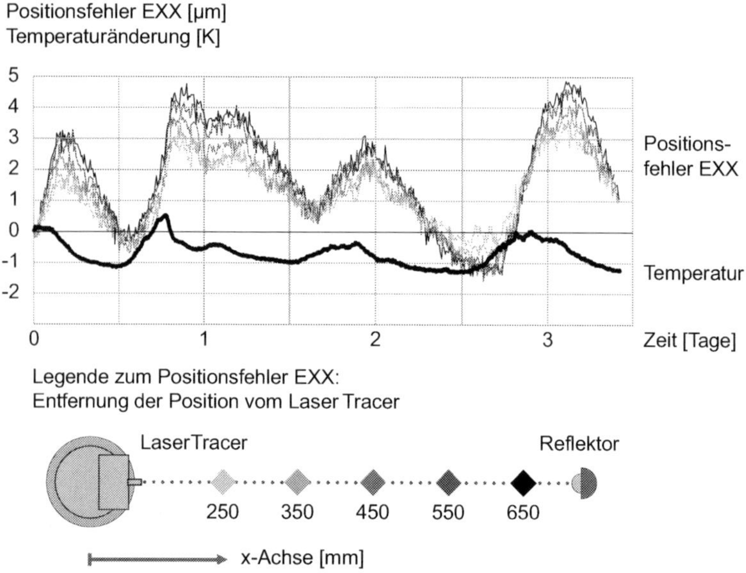

Bild 8.2: Temperaturstabilität der geometrischen Fehlerparameter am Beispiel der Positionsabweichung entlang der x-Achse (EXX)

Um diesem Effekt entgegenzuwirken, kann die Werkzeugmaschine mit Temperatursensoren ausgestattet und die Temperaturdehnung der Achsen kompensiert werden. Diese Kompensation bezieht sich allerdings in der Regel auf die Längendehnung der Achsen. Der Einfluss der Temperatur auf die gesamte Geometrie der Werkzeugmaschine und somit auf alle geometrischen Fehlerparameter wird nach dem aktuellen Stand der Technik nicht kompensiert. Zwar bietet das Hinterlegen einer Korrekturtabelle die Möglichkeit, Korrekturwerte für verschiedene Temperaturbereiche zu berücksichtigen. Die Messung der Korrekturwerte erfordert allerdings die Messung der Geometriefehler bei unterschiedlichen, über einen Zeitraum von einigen Stunden konstanten Umgebungstemperaturen. Der Aufwand zur Erzeugung solche Korrekturtabellen ist gegenüber einer Kapselung der Maschine so groß, dass davon auszugehen ist, dass diese Vorgehensweise nur in Ausnahmefällen gerechtfertigt ist.

Trotz der Möglichkeit zur Kompensation der thermisch bedingten Längendehnung der Achsen führen die Temperaturschwankungen in der Fertigungsumgebung zu einer Minderung der Kurzzeitstabilität der Kompensation. Eine Möglichkeit, diesen Einfluss zu minimieren ist die Kapselung der Werkzeugmaschine in einer temperaturstabilisierten Umgebung.

8.1.3 Prozessfähigkeit nach der Kompensation

Die Fertigungsgenauigkeit der Werkzeugmaschine ist abhängig von verschiedenen Einflussgrößen, wie den Geometriefehlern, den Schnittkräften, den Temperaturdehnungen etc. Die Überlagerung all dieser Einflussgrößen führt zu einer Abweichung des Werkstücks von seiner Soll-Geometrie. Durch die Kompensation der Geometriefehler kann daher die Prozessfähigkeit nur anteilig gesteigert werden. Die Größe dieses Anteils ist entscheidend für die Effektivität der Kompensation. Ein Experiment zur Untersuchung der Effektivität der Kompensation ist die Fertigung eines Testbauteils mit und ohne Kompensation der geometrischen Fehlerparameter.

Ein Maß zur Beurteilung der Effektivität der Kompensation an diesem Bauteil sind die Prozessfähigkeitskennwerte der gefertigten Merkmale c_p und c_{pk} [ISO-TS16949]. Der c_p-Wert ist ein Maß für die zufällige Streuung des Fertigungsprozesses im Verhältnis zur Toleranz. Als minimale, notwendige Voraussetzung für eine prozesssichere Fertigung wird in der Regel festgelegt, dass die erweiterte Standardabweichung des Prozesses für ein Vertrauensniveau von 95% (k=2) nicht größer sein darf als die Merkmalstoleranz. Das Einhalten dieser Bedingung ist aber in der Praxis nicht ausreichend, da das Fertigungsergebnis zusätzlich zu den zufälligen Abweichungen immer auch durch eine systematische Abweichung zwischen dem Nennmaß und dem Mittelwert der Ist-Maße geprägt ist. Als minimales, hinreichendes Maß für eine prozesssichere Fertigung wird daher gefordert, dass auch durch die Kombination aus zufälliger und systematischer Abweichung die Merkmalstoleranz eingehalten werden muss. Das Maß hierfür ist der sogenannte c_{pk}-Wert.

Während davon ausgegangen werden kann, dass die zufälligen Abweichungen durch eine Kalibrierung und die Kompensation der systematischen Geometriefehler nicht deutlich reduziert werden können, wird für den systematischen Fehler, der die kritische Bedingung zur Erreichung der Prozessfähigkeit darstellt, eine signifikante Reduktion angestrebt. Der Abstand zwischen dem Mittelwert der gefertigten Ist-Maße soll durch die Kompensation verkleinert werden (siehe Bild 8.3). Durch diese Zentrierung des Prozesses kann sowohl die Prozessfähigkeit für gegebene Toleranzen gesteigert als auch die minimal herstellbaren Toleranzen bei gleicher Prozessfähigkeit verkleinert werden.

Um den Einfluss der Kalibrierung und der anschließenden Kompensation von Geometriefehlern auf die Prozessfähigkeit der Werkzeugmaschine experimentell zu beurteilen, wird eine Stichprobe von n_{St}=30 Testbauteilen mit ausgewählten Merkmalen gefertigt und deren Geometrie auf einem Koordinatenmessgerät gemessen (Bild 8.4). Dieses Bauteil ist symmetrisch aufgebaut und wird zur Beurteilung der gesteigerten Prozessfähigkeit in einem Arbeitsgang auf der einen Seite mit, auf der anderen Seite ohne Kompensation der Geometriefehler bearbeitet.

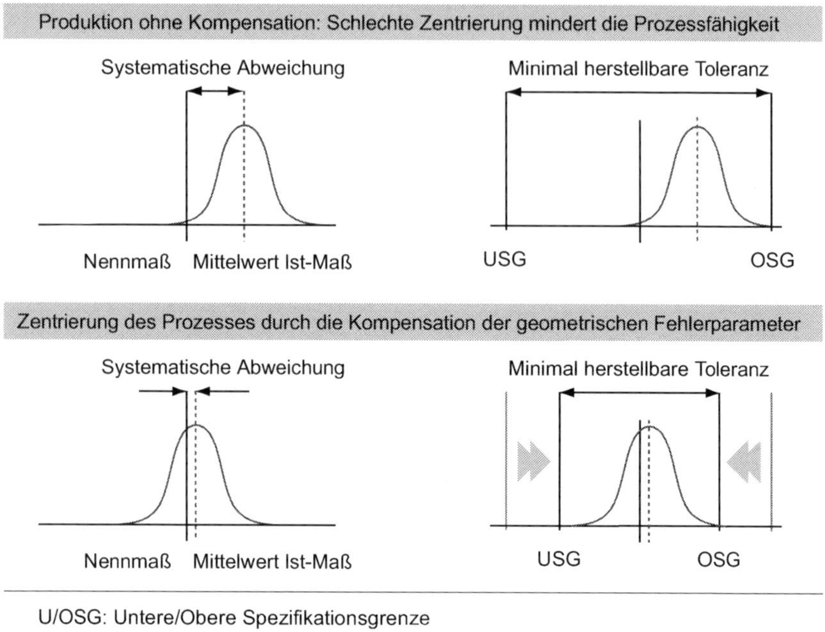

Bild 8.3: Zentrierung von Fertigungsprozessen mittels geometrischer Kompensation

Das Bauteil ist parallel zur x-Achse ausgerichtet. In dieser Werkstücklage wirken sich Positionsfehler der Achse auf den Abstand der Bohrungsmittelpunkte aus. Abweichungen von der Geradheit führen zu einer Abweichung der Bohrungsmittelpunkte von der Ausgleichsgeraden.

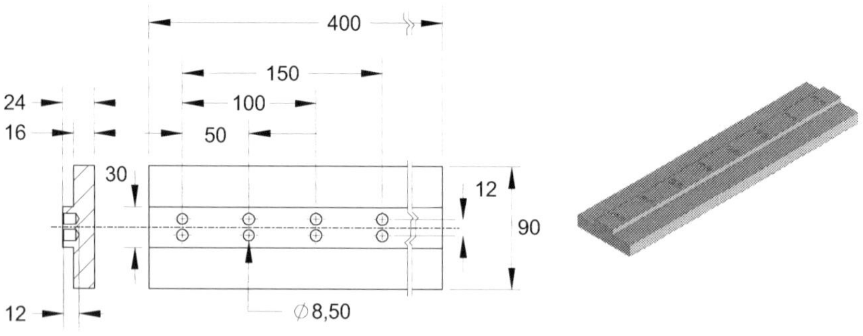

Bild 8.4: Testbauteil zur Untersuchung der Prozessfähigkeit der Werkzeugmaschine vor und nach der Kompensation der geometrischen Fehlerparameter

Zusätzlich wird an beiden Seiten des Bauteils eine Planfläche gefräst, mittels derer die Abweichungen von der Geradheit in axialer Richtung des Werkzeugs (z-Achse) geprüft wird.

Das Testbauteil ist aus Aluminium, da bei der Bearbeitung von Aluminium davon ausgegangen werden kann, dass die Geometrieabweichung aufgrund der auftretenden Schnittkräfte im Verhältnis zu härteren Materialien geringer ausfallen. Dies wirkt sich positiv aus die erreichbare Steigerung der Prozessfähigkeit aus. Zusätzlich werden sämtliche Merkmale unter Schlichtbedingungen gefertigt, um Geometrieabweichungen aufgrund von Beschleunigungs- und Schnittkräften zu minimieren. Durch die Messung der Bauteilgeometrie auf einem Koordinatenmessgerät werden die Prozessstreuung und die systematische Abweichungen der einzelnen Merkmale ermittelt. Da die Stichprobe über einen kurzen Zeitraum entnommen wird, werden die Fähigkeitsindizes als kurzfristige Maschinenfähigkeit c_M und c_{MK} bezeichnet.

Aus den Messwerten kann aber über die Prozessstreuung $s_{Prozess}$ gemäß Gleichung 19 die potentielle Maschinenfähigkeit c_M für eine gegebene Toleranzfeldbreite TF berechnet werden [ISO-TS16949]. Da für das Testbauteil keine Toleranzfeldbreite definiert ist, wird für die Untersuchung der Fertigungsgenauigkeit die Gleichung umgestellt und die minimal herstellbare Toleranz $T_{min,CM}$ für einen vorgegebenen Prozessfähigkeitskennwert $c_M = 1$ berechnet (Gleichung 20).

$$c_M = \frac{OTG - UTG}{6 \cdot s_{Prozess}} = \frac{TF}{6 \cdot s_{Prozess}} \tag{19}$$

c_M	Potentielle Maschinenfähigkeit (Prozessstreuung)
OTG, UTG	Obere, untere Toleranzgrenze
$s_{Prozess}$	Streuung der Stichprobe
TF	Toleranzfeldbreite

$$T_{\min,C_M} = 6 \cdot s_{Prozess} \cdot c_M \tag{20}$$

$T_{min,cM}$	Potentiell herstellbare Toleranz nach c_M

Analog wird die minimal herstellbare Toleranz $T_{min,CMK}$ unter Berücksichtigung der systematischen Abweichung zwischen dem Nennwert N des Merkmals und dem Mittelwert der Stichprobe berechnet $\bar{x}$.

$$c_{MK} = \frac{\min(OTG - \bar{x}; \bar{x} - UTG)}{3 \cdot s_{Prozess}} = \frac{TF/2 - |\bar{x} - N|}{3 \cdot s_{Prozess}} \tag{21}$$

c_{MK}	Tatsächliche Maschinenfähigkeit (Streuung und Zentrierung)
$\bar{x}$	Mittelwert der Stichprobe
N	Nennwert

$$T_{\min,C_{MK}} = \left(3 \cdot s_{Prozess} \cdot c_{MK} + |\bar{x} - N|\right) \cdot 2 \tag{22}$$

$T_{min,cMK}$	*Herstellbare Toleranz nach* c_{MK}

Bild 8.5 zeigt das Ergebnis einer Messung des Merkmals „Bohrungsabstand". Ermittelt werden die Standardabweichung der Stichprobe sowie die systematische Abweichung als Differenz zwischen dem Mittelwert der Stichprobe und dem Nennwert des

Merkmals. Es zeigt sich, dass bei eingeschalteter Kompensation sowohl die Prozessstreuung als auch die systematische Abweichung deutlich reduziert sind.

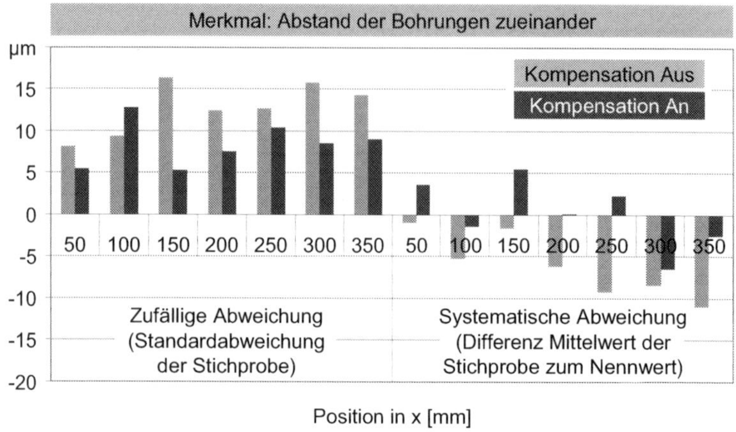

Bild 8.5: Zufällige und systematische Abweichung des Abstands der Bohrungen zueinander mit und ohne Kompensation der geometrischen Fehlerparameter

Die Reduktion der zufälligen Anteile widerspricht scheinbar der Prämisse, dass durch die Kompensation nur systematische Geometriefehler ausgeglichen werden können. Dieser Effekt lässt sich dadurch erklären, dass die Position der Bauteile im Arbeitsvolumen leicht variiert. Diese Variation wirkt sich unmittelbar auf den wirksamen systematischen Fehler aus und erhöht somit die zufällige Prozessstreuung. Je geringer die systematischen Fehler sind, desto geringer ist dieser Effekt.

Mit den Daten der Stichprobe kann gemäß den beschriebenen Gleichungen 20 und 22 die minimal herstellbare Toleranz $T_{min,cp}$ und $T_{min,cpk}$ für jedes Merkmal berechnet werden. Der Berechnung der Ergebnisse in Bild 8.6 sind die maximale systematische und die Standardabweichung der Stichprobe zugrunde gelegt.

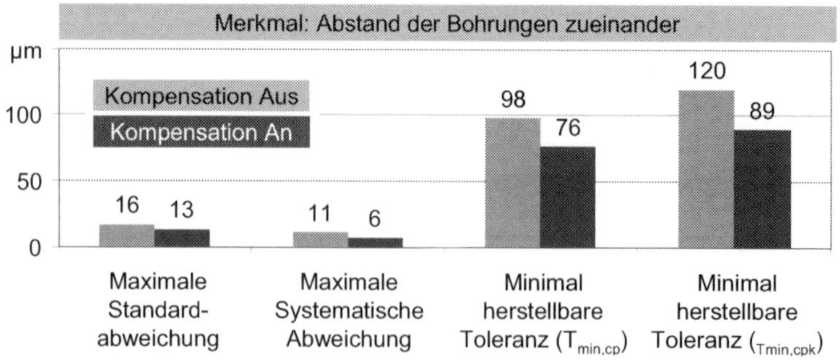

Bild 8.6: Minimal herstellbare Toleranz der Bohrungsabstände mit und ohne Kompensation der geometrischen Fehlerparameter

Die potentiell herstellbare Toleranz für den Bohrungsabstand $T_{min,cp}$ kann durch die Kompensation um ca. 20 Prozent, die tatsächlich herstellbare Toleranz um 25 Prozent reduziert werden, trotz der ohnehin geringen Abweichungen der Maschine und der Temperaturschwankungen von ca. ± 2,5 °C in der Fertigungsumgebung. Noch deutlicher können die Geradheitsabweichungen in der x-y-Ebene reduziert werden: um jeweils ca. 50 Prozent in Bezug auf die potentielle und die tatsächliche Prozessfähigkeit. Die Toleranzfeldbreite kann somit von 150 µm auf ca. 75 µm eingeschränkt werden. Den größten Effekt hat die Kompensation allerdings auf die gefertigten Planflächen.

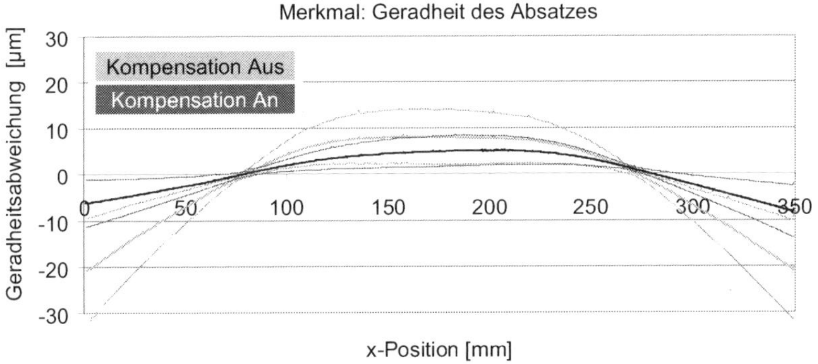

Bild 8.7: Geradheitsabweichung einer Planfläche mit und ohne Kompensation der geometrischen Fehlerparameter

Da bei deren Fertigung sowohl die Durchbiegung als auch die Geradheitsabweichung EZX und EZY wirksam werden, sind die systematischen Abweichungen ohne Kompensation im Vergleich zu den Positionsabweichungen der Bohrungen groß. Bild 8.7 zeigt die gemessene Abweichung der Bauteile von der Geradheit mit und ohne Kompensation. Die drei Kurven resultieren aus den Mittelwerten der Stichprobe und der Standardabweichung, die jeweils zum Mittelwert addiert beziehungsweise von diesem Abgezogen wird. Durch die Kompensation können die systematischen Abweichungen von der Geradheit um ein Drittel von ca. 30 Mikrometern auf 10 Mikrometer reduziert werden.

8.2 Effizienz der Kompensation von Geometriefehlern

Zur Beurteilung der Effizienz der Kompensation wird im Folgenden eine Analyse der Aufwände und des Nutzens der volumetrischen Kalibrierung und der darauf basierenden Kompensation von Geometriefehlern durchgeführt. Ist der Nutzen, der durch eine Steigerung der Produkt- und Prozessqualität erzielt werden kann, größer als der Aufwand für die Kalibrierung und die Kompensation der Geometriefehler von Werkzeugmaschinen, kann die 0-Hypothese bezüglich des wirtschaftlichen Nutzens der Kompensation widerlegt werden. Im Folgenden werden die Aufwände und der potentielle Nutzen der Kompensation aufgeführt. Da die Effizienz von einer Vielzahl von individuellen Unternehmensparametern abhängt, werden Randbedingungen diskutiert, die eine Effizienzsteigerung der Produktion durch die Kompensation begünstigen.

8.2.1 Aufwand der Kompensation

Um die Geometriefehler einer Werkzeugmaschine vollständig numerisch kompensieren zu können, muss in vielen Fällen die Maschinensteuerung aufgerüstet werden. Zudem müssen die Geometriefehler durch eine Kalibriermessung ermittelt werden. Diese Kalibriermessung muss in Abhängigkeit von der Langzeitstabilität der Kompensation in definierten Zeitintervallen wiederholt werden. Es ergeben sich demnach einmalig anfallende Aufwände als Vorbereitung einer volumetrischen Kompensation, sowie Aufwände, die aus der Kalibriermessung resultieren, die in regelmäßigen Abständen wiederholt werden muss. Diese Aufwände sind in der Folgenden Auflistung exemplarisch detailliert:

Einmalig anfallende Aufwand
- Softwareupdate der Steuerung
- Hardwareupdate der Steuerung
- Produktionsausfall aufgrund von Maschinenstillstand
- Personalaufwand

Kalibrieraufwand
- Messsystem bzw. Dienstleistung
- Produktionsausfall aufgrund von Maschinenstillstand
- Personalaufwand

Laufende Kosten
- Rekalibrierung in Abhängigkeit von der Maschinenstabilität

Neben den genannten Aufwänden kann es aber in Abhängigkeit von dem individuellen Unternehmen und sogar der individuellen Werkzeugmaschine noch weitere Faktoren geben, die den Aufwand für die Kompensation beeinflussen.

Es wird deutlich, dass die Abschätzung des Kalibrieraufwands nicht absolut beantwortet werden kann. Es kann aber festgehalten werden, dass neben der Steuerung der Werkzeugmaschine vor allem die Dauer der Kalibriermessung und die Stabilität der geometrischen Fehlerparameter einen wesentlichen Einfluss darauf haben, welcher Aufwand mit der Kompensation volumetrischer Fehlerparameter verbunden ist. Lange Messzeiten können zu teuren Produktionsausfällen führen und sind mit hohem Personalaufwand verbunden. Die Stabilität der Geometriefehler beeinflusst wiederum, wie oft die Kalibrierung wiederholt werden muss.

8.2.2 Nutzen der Kompensation

Der Nutzen der Kompensation ergibt sich aus der gesteigerten Produkt- und Prozessqualität. Auch der Nutzen der Kompensation ist von einer Vielzahl von Einflussfaktoren abhängig und kann daher ohne die Untersuchung eines konkreten Fertigungsprozesses nur qualitativ beurteilt werden. Es lassen sich aber zwei Kategorien benennen, die den wesentlichen Nutzen einer Kompensation von Geometriefehlern beschreiben: Die Steigerung der Prozessfähigkeit sowie die Steigerung der Produktqualität. In der folgenden Liste sind Beispiele aufgeführt, die zeigen, welcher Nutzen sich aus einer gesteigerten Produkt- und Prozessqualität ergibt:

Nutzen aufgrund einer gesteigerten Prozessqualität

- Reduzierte Anlauf- und Umrüstzeiten
- Reduzierter Prüfaufwand
- Reduktion von Ausschuss

Nutzen aufgrund einer gesteigerten Produktqualität

- Wettbewerbsvorteil aufgrund der gesteigerten Produktqualität
- Gesteigerter Produktwert

Der Vorteil aufgrund einer gesteigerten Prozessqualität lässt sich gut beschreiben. Bereits beim Produktanlauf führt die gesteigerte Absolutgenauigkeit der Werkzeugmaschine zu verkürzten Anlaufzeiten. Im Produktionsverlauf kann aufgrund der gesteigerten Prozessfähigkeit der Ausschuss und der Prüfaufwand reduziert werden. Durch die gesteigerte Prozessqualität können somit Produktionskosten reduziert werden. Über die genannten Auswirkungen der Kompensation hinaus können, je nach Fertigungsprozess, weitere Faktoren einen Einfluss auf den Nutzen der Kompensation haben.

Die Steigerung der Produktqualität ist schwieriger zu beurteilen, da der Nutzen aus der Sicht des Kunden beurteilt werden muss. So ist zu entscheiden, welchen Mehrwert die Steigerung der Produktqualität aus Sicht des Kunden erbringt und ob die gesteigerte Produktqualität einen Wettbewerbsvorteil darstellt, der zu höheren Verkaufszahlen oder einer erhöhten Zahlungsbereitschaft des Kunden führen wird. Auch hier erhebt die Liste der aufgeführten Beispiele keinen Anspruch auf Vollständigkeit. Es kann aber festgehalten werden, dass sowohl eine gesteigerte Prozess- als auch eine gesteigerte Produktqualität einen signifikanten Einfluss auf die wirtschaftliche Produktion haben können.

8.2.3 Randbedingungen für die Effizienzsteigerung der Produktion

Die Frage, ob die Produktion durch eine Kompensation der Geometriefehler von Werkzeugmaschinen effizienter gestaltet werden kann, muss für jedes Unternehmen und sogar für jeden Fertigungsprozess individuell beantwortet werden. Es gibt aber Randbedingungen, die eine Effizienzsteigerung begünstigen. So führen eine hohe Variantenvielfalt und kleine Losgrößen zu einer großen Anzahl von Anlauf- und Umrüstprozessen. Durch die Kompensation können die Produkte ohne eine individuelle Anpassung der Fertigungsprogramme gefertigt werden. Ein weiterer Anwendungsfall ist die Produktion technologisch anspruchsvoller Produkte, bei denen die Einhaltung der erforderlichen Toleranzvorgaben nur durch eine Kompensation der geometrischen Fehlerparameter gelingt.

8.3 Beantwortung der Forschungsfrage

Die Effektivität der Kompensation ist abhängig von der Werkzeugmaschine, den Umgebungsbedingungen und der Bearbeitungsaufgabe. Es muss individuell entschieden werden, wann sich eine Kompensation der Geometriefehler lohnt. Im ersten Abschnitt dieses Kapitels („Effektivität der Kompensation") wurden die Randbedingungen beschrieben und eine Methode zur Untersuchung der Effektivität der Kompensation in Bezug auf die Prozessfähigkeit mittels eines Probebauteils vorgestellt. Es konnte nachgewiesen werden, dass die Prozessfähigkeit der Produktion eines Testbauteils auf einer Werkzeugmaschine am Werkzeugmaschinenlabor signifikant gesteigert werden konnte. Die 0-Hypothese bezüglich der Effektivität der Kompensation kann somit verworfen werden.

Neben der technologischen Wirksamkeit des Verfahrens bildet die Effizienz des Verfahrens die hinreichende Bedingung für deren industriellen Einsatz. Auch die Frage nach der Effizienz der Kompensation muss für jedes Unternehmen individuell beantwortet werden. Eine Analyse des Nutzens und des Aufwands zeigt, dass dem Aufwand für die Kompensation eine signifikante Steigerung der Produkt- und Prozessqualität gegenüber stehen kann, durch die wiederum die Produktionskosten gesenkt, der Wert des Produkts gesteigert und ein Wettbewerbsvorteil erlangt werden kann. Das gilt insbesondere bei Unternehmen mit häufigen Produktwechseln oder anspruchsvollen Toleranzvorgaben, die ohne eine Kompensation der Geometriefehler nicht eingehalten werden könnten.

Die 0-Hypothese bezüglich der Effizient der Kompensation kann aufgrund der Ermangelung von Daten aus einem realen Fertigungsprozess in der industriellen Praxis ohne weiterführende Untersuchungen nicht abschließend experimentell widerlegt werden. Es wird aber deutlich, dass den Aufwänden ein signifikanter Nutzen gegenüber steht. Unter der Voraussetzung, dass die geometrischen Fehlerparameter der Werkzeugmaschine wie im Fall der Maschine am Werkzeugmaschinenlabor hinreichend stabil sind, so dass eine Rekalibrierung erst nach einem halben oder sogar einem Jahr erforderlich ist und einer Steigerung der Prozessfähigkeit der Merkmale von 25 bis 50 % erreicht wird, ist es im Sinne der Falsifikation sehr unwahrscheinlich, dass der Nutzen den Aufwand zur Steigerung der Prozessfähigkeit in keinem einzigen Unternehmen übersteigt. Insbesondere dann nicht, wenn durch die Kompensation Anlaufprozesse verkürzt und Prüfaufwände reduziert werden können. Die Kalibrierung der Werkzeugmaschine kann bei der Betrachtung der Aufwände sogar in vielen Fällen vernachlässigt werden, da eine Kalibrierung der Werkzeugmaschine mit konventionellen Verfahren ohnehin in regelmäßigen Abständen durchgeführt wird und es dabei sogar aufgrund der Dauer konventioneller Messungen zu größeren Produktionsausfällen kommt. Unter Berücksichtigung dieser Annahmen kann auch die 0-Hypothese zum wirtschaftlichen Nutzen der Kompensation widerlegt und somit die Forschungsfrage positiv beantwortet werden.

9 Zusammenfassung und Ausblick

Einleitend wurde die Forschungsfrage formuliert, ob das Verfahren der Kalibrierung von Werkzeugmaschinen mittels sequentieller Multilateration und die anschließende Kompensation der Geometriefehler einen signifikanten Beitrag dazu leisten, die Fertigungsgenauigkeit von Werkzeugmaschinen und die Wirtschaftlichkeit der Produktion zu steigern. Die Antwort auf diese Forschungsfrage ergibt sich kumulativ aus den vorangegangenen Untersuchungen in den Kapiteln 5 bis 8 und wird im Folgenden zusammengefasst. Es wird diskutiert, welche Auswirkungen die Ergebnisse für die industrielle Produktion haben und welche neuen Forschungsfragen aus den Untersuchungen abgeleitet werden können. Darüber hinaus wird noch einmal die Forschungsmethodik der vorliegenden Arbeit kritisch reflektiert und auf vielversprechende alternative Vorgehensweisen hingewiesen, die bei ähnlichen Fragestellungen erprobt werden könnten.

9.1 Zusammenfassung

Das Verfahren der sequentiellen Multilateration mit Tracking-Interferometern ermöglicht eine vollständige, schnelle und präzise Messung der geometrischen Fehlerparameter von Koordinatenmessgeräten und wird seit einigen Jahren auch für die Kalibrierung von Werkzeugmaschinen eingesetzt. Die Vorliegende Arbeit leistet einen signifikanten Beitrag dazu, den Stand der Forschung im Bereich der Kalibrierung von Werkzeugmaschinen mit Tracking-Interferometern zu erweitern.

Fortschritt gegenüber dem Stand der Technik – Erkenntnisgewinn

Im Rahmen der vorliegenden Arbeit wurde erstmalig die Eignung der volumetrischen Kalibrierung mit Tracking-Interferometern für die Kalibrierung von Werkzeugmaschinen wissenschaftlich untersucht. Dabei konnte experimentell nachgewiesen werden, dass eine Kompensation der Geometriefehler von Werkzeugmaschinen auf Basis der volumetrischen Kalibrierung zu einer signifikanten Steigerung der Fertigungsgenauigkeit führen kann, wenn die Geometriefehler der Werkzeugmaschine mit hinreichend geringer Unsicherheit gemessen werden und hinreichend stabil sind. Die eingangs formulierte Forschungsfrage kann somit hinsichtlich der Steigerung der Fertigungsgenauigkeit positiv beantwortet werden.

Bei der Frage nach einer Steigerung der Wirtschaftlichkeit der Produktion werden die Aufwände für die Kalibrierung und die Kompensation deren Nutzen gegenübergestellt. Da die numerische Kompensation von Geometriefehlern im industriellen Einsatz allerdings noch wenig verbreitet ist, gibt es bis heute keine experimentell abgesicherten Erkenntnisse über deren Einfluss auf die Wirtschaftlichkeit der Produktion. Hier sind weitere Untersuchungen erforderlich. Rationale Überlegungen führen aber zu der Erkenntnis, dass der Nutzen der Kompensation deren Aufwand in vielen Fällen übersteigen wird. Besonders günstig wirkt sich die Kompensation dabei auf die Wirtschaftlichkeit der Produktion aus, wenn kleine Losgrößen oder sehr unterschiedliche Produkte gefertigt werden und es somit zu vielen Produktanläufen beziehungsweise -wechseln kommt, sowie bei Produkten mit besonders eng tolerierten Merkmalen, die ohne eine Kompensation nicht prozesssicher gefertigt werden können. Die Forschungsfrage nach der Steigerung der Wirtschaftlichkeit kann demnach nicht abschließend durch die Falsifikation einer 0-Hypothese, wohl aber mittels rationalistischer Schlussfolgerungen positiv beantwortet werden.

Fortschritt gegenüber dem Stand der Technik – Technologisch

Neben den Untersuchungen zur Steigerung der Fertigungsqualität und der Wirtschaftlichkeit wurde das Kalibrierverfahren selbst im Rahmen der vorliegenden Arbeit deutlich erweitert, um ein Verfahren zur Kalibrierung von Rotationsachsen, die in vielen modernen Werkzeugmaschinen eingesetzt werden sowie ein Verfahren zur kontinuierlichen Messung bei bewegter Maschine, das zu einer deutlichen Verkürzung der Messzeit führt.

Bei der Erweiterung des Verfahrens um eine Methode zur Kalibrierung von Rotationsachsen wurde als Anforderung definiert, dass die rotatorischen Fehlerparameter vollständig und mit hinreichend geringer Unsicherheit gemessen werden müssen. Um dieses Ziel zu erreichen wurden Algorithmen entwickelt und mathematische Bedingungen definiert, die es ermöglichen, aus den gemessenen Längendifferenzen die rotatorischen Fehlerparameter vollständig zu berechnen. Um die Längen mit hinreichend geringer Unsicherheit messen zu können, wurde eine neue Messstrategie entwickelt. Für die abschließende experimentelle Validierung des Verfahrens wurde eigens eine Methode zur direkten Messung der rotatorischen Fehlerparameter mit Tracking-Interferometern entwickelt. Diese Untersuchungen haben gezeigt, dass die rotatorischen Fehlerparameter an der untersuchten Werkzeugmaschine vollständig und mit hinreichend geringer Unsicherheit gemessen werden konnten.

Im Fall der kontinuierlichen Messung wurde gefordert, dass die Unsicherheit der Längenmessung mit der statischen Messung vergleichbar ist, der Messpunktabstand bis auf wenige Millimeter reduziert und trotzdem die Dauer der Messung signifikant reduziert werden kann. Um dieses Ziel zu erreichen wurden die Position der Werkzeugmaschine und die gemessene Länge des Tracking-Interferometers synchron in einem externen Computer gespeichert und anschließend wie eine statische Messung ausgewertet. Die Untersuchungen zum Synchronizitätsfehler haben gezeigt, dass die Geometriefehler auch bei einer kontinuierlichen Kalibrierung der Werkzeugmaschine mit hinreichend geringer Unsicherheit gemessen werden können und die Messdauer gegenüber einer statischen Messung mit einem Messpunktabstand von 10 mm um bis zu 90% reduziert werden kann. Die Messdauer ist bei der kontinuierlichen Messung vom Messpunktabstand entkoppelt. Da alle 20 Millisekunden ein Messwert aufgenommen werden kann, kann dieser je nach Verfahrgeschwindigkeit auf weniger als einen Millimeter reduziert werden.

Reflektion der Forschungsmethodik

Die Grundlage für die technologischen Entwicklungen, die Validierung der Forschungsergebnisse sowie die Untersuchungen zur Steigerung der Fertigungsqualität und der Wirtschaftlichkeit der Produktion ist die in Kapitel 2 beschriebene Forschungsmethodik. Abschließend wird daher noch mal zusammengefasst und bewertet, wie diese Methoden dazu beigetragen haben, die in Kapitel 1 formulierten Forschungsfragen zu beantworten. Der Fokus liegt dabei auf der erkenntnistheoretischen Basis der Validierung von Ergebnissen, dem Experiment gegenüber dem Rationalismus sowie dem Modellbildungsprozess.

Bei der Validierung der Forschungsfrage wird schnell deutlich, dass diese nur für eine eingeschränkte Auswahl von Untersuchungsobjekten durchgeführt werden kann. So stehen die untersuchten Werkzeugmaschinen repräsentativ für eine Vielzahl sehr unterschiedlicher Maschinen. Die Untersuchungen zur Effektivität der Kompensation können nur an einem Testbauteil mit einer begrenzten Anzahl von Merkmalen durchgeführt werden. Jede Übertragung auf andere Werkzeugmaschinen, Produktmerkmale, Fertigungsprozesse und Unternehmen erfordert daher eine erneute Überprüfung der Gültigkeit der Ergebnisse. Eine allgemeingültige Verifizierung der Ergebnisse ist schon aus erkenntnistheoretischer Sicht nicht möglich, da nicht ausgeschlossen werden kann, dass ein Fall existiert, in dem die Ergebnisse nicht bestätigt werden können. Um die Ergebnisse dennoch validieren und somit die Forschungsfrage beantworten zu können, erfolgt diese wie in Kapitel 2 beschrieben nach dem Falsifikationsprinzip unter Beschreibung der vorherrschenden Versuchsbedingungen. Mit dieser Vorgehensweise lässt sich die Forschungsfrage beantworten. Allerdings bleibt es dem Anwender überlassen, ob die Erkenntnisse auch unter Berücksichtigung seiner individuellen Situation nutzen kann. Um diesen zukünftig bei dieser Fragestellung unterstützen zu können, müssen zusätzliche Untersuchungen durchgeführt und eine Systematik entwickelt werden, die es erlaubt, die Effektivität und die Effizienz einer volumetrischen Kalibrierung und Kompensation von Werkzeugmaschinen bereits im Vorfeld für den individuellen Einsatzfall abzuschätzen.

Die Validierung selbst erfolgt durch ein Experiment, mit dem eine Hypothese bestätigt oder widerlegt wird. Eine wichtige Grundlage für die Auslegung des Experiments ist die Definition der Randbedingungen und der veränderlichen Variablen. Bei der experimentellen Untersuchung zur inhärenten Unsicherheit eines Messverfahrens ist es dabei besonders wichtig, dass sich das Messobjekt während einer Messung und zwischen den Wiederholmessungen nicht verändert. Im Rahmen der vorliegenden Arbeit wurden sämtliche Untersuchungen an einer Werkzeugmaschine in der Fertigungsumgebung durchgeführt, in der die Umgebungstemperatur um ca. ±3° K pro Tag schwankt. Trotz dieser relativ geringen Temperaturschwankungen verändert sich das Untersuchungsobjekt kontinuierlich. Dies erschwert einerseits die Untersuchung systematischer Abweichungen, andererseits wird die Messunsicherheit durch die zufälligen Schwankungen des Messobjekts überlagert. Trotz dieser Einschränkung konnten alle Hypothesen auf Basis der Messergebnisse eindeutig widerlegt und damit die Forschungsfrage beantwortet werden.

Die Beantwortung der Forschungsfrage nach der Effizienz der Kompensation von Geometriefehlern erfolgt aufgrund der Ermangelung realer Daten produzierender Unternehmen rein auf Basis rationaler Überlegungen. Der Ausgangspunkt solcher Überlegungen sind Axiome. Diese sind unmittelbar einleuchtende Grundsätze, die nicht weiter in Frage gestellt werden. Eine Schlussfolgerung kann durch eine logische Verknüpfung der Axiome deduktiv abgeleitet werden. Die Betrachtung der Steigerung der Produkt- und Prozessqualität mittels Kompensation zeigt, dass den Aufwänden ein großer Nutzen gegenüber steht. Es ist daher sehr unwahrscheinlich, dass es kein Unternehmen gibt, bei dem der Nutzen den Aufwand nicht übersteigt. Auch wenn die Forschungsfrage somit nicht durch einen Hypothesentest beantwortet werden kann, so lässt sich doch ableiten, dass der Nutzen der Kompensation den Aufwand unter bestimmten Voraussetzungen überwiegen wird.

Ein weiteres zentrales Element des Forschungsprozesses ist die Modellbildung. Da sich die Güte des Messergebnisses primär durch dessen Unsicherheit beschreiben lässt, dient die Modellierung von Messprozessen in der Fertigungsmesstechnik in erster Linie der Abschätzung der Messunsicherheit. Für die oben beschriebene Erweiterung des Verfahrens zur Kalibrierung von Werkzeugmaschinen wurde daher in der vorliegenden Arbeit ein analytisches Modell des Messprozesses entwickelt, das es ermöglicht, die Unsicherheit jedes Messergebnisses in Abhängigkeit von den vorherrschenden Bedingungen abzuschätzen.

Die analytische Beschreibung der physikalischen Wirkzusammenhänge erlaubt die Analyse der Auswirkung einzelner Einflussgrößen auf die Messunsicherheit und eignet sich daher für die Identifikation von dominanten Einflussgrößen als Basis für eine gezielte Reduktion der Messunsicherheit. Allerdings erfordert die analytische Modellbildung eines komplexen Messprozesses wie der Kalibrierung von Werkzeugmaschinen mit Tracking-Interferometern ein hohes Maß an Expertenwissen und ist sehr aufwändig. So musste zur Berechnung der kombinierten Messunsicherheit unter Berücksichtigung aller Einflussgrößen für die verschiedenen Bauformen von Tracking-Interferometern eigens eine Simulationsumgebung entwickelt werden.

Vor Beginn der Modellentwicklung ist es daher sinnvoll, eine systematische Analyse durchzuführen, ob der Messprozess auch durch ein Ersatzmodell beschrieben werden kann. Ein Ersatzmodell basiert auf empirischen Beobachtungen von Eingangs- und Ausgangsgrößen, deren Zusammenhang mathematisch beispielsweise mittels neuronaler Netze beschrieben werden kann. Ein Nachteil eines solchen Modells ist selbstverständlich, dass die Modellgüte als ein Maß dafür, wie gut der Zusammenhang zwischen Eingangs- und Ausgangsgrößen durch das Modell wiedergegeben wird, von der Anzahl, Unsicherheit und der Verteilung der Beobachtungen im Parameterraum abhängt und somit in vielen Fällen hinter der Güte analytischer Modelle zurück bleibt. Eine weitere Forschungsfrage, die daher im Laufe der Arbeit aufgeworfen wurde ist die, ob komplexe Messverfahren durch eine Kombination aus analytischer Beschreibung von physikalischen Wirkzusammenhängen und abgeleiteten Ersatzmodellen aus empirischen Beobachtungen hinreichend genau und wirtschaftlich modelliert werden können und wie die Modellgüte anschließend bewertet werden kann.

9.2 Ausblick

Jedes Forschungsvorhaben dient der Beantwortung von Forschungsfragen und wirft doch gleichzeitig in den meisten Fällen neue Forschungsfragen auf. Die im Folgenden dargestellten Ausführungen über den weiterführenden Forschungsbedarf beziehen sich auf die Möglichkeiten zu Untersuchungen an Werkzeugmaschinen und der Entwicklung neuer Maschinenkonzepte, die Steigerung der Produkt- und Prozessqualität der industriellen Produktion auf Basis der volumetrischen Kalibrierung und Kompensation, das rückgeführte Messen auf der Werkzeugmaschine, die Ausweitung des Einsatzes von Tracking-Interferometern für die Kalibrierung weiterer Produktionsmittel und Kinematiken wie zum Beispiel Roboter sowie den Einsatz von Tracking-Interferometern als hochpräzises Multilaterations-Koordinatenmessgerät.

Die Kalibrierung mit Tracking-Interferometern bietet neue Möglichkeiten für die Hersteller und die Anwender von Produktionsmitteln. So ermöglicht die schnelle und präzise Kalibrierung die Entwicklung neuer Werkzeugmaschinen, deren Absolutgenauigkeit auf der numerischen Kompensation von Geometrieabweichungen beruht. Auch der Temperatureinfluss kann durch eine Kalibrierung der Werkzeugmaschine bei unterschiedlichen Umgebungstemperaturen teilweise kompensiert werden.

Für die Anwender von Werkzeugmaschinen ist entscheidend, dass diese die Effektivität und die Effizienz einer Kompensation im Vorfeld eine Investitionsentscheidung abschätzen können. Hier muss eine Systematik entwickelt werden, die es dem Anwender ermöglicht, in Abhängigkeit von der Art der Werkzeugmaschine, den Umgebungsbedingungen und dem Fertigungsprozess zu entscheiden, ob eine Kompensation der Geometriefehler sinnvoll ist.

Ein besonders interessantes Anwendungsgebiet ist die Produktion anspruchsvoller Großbauteile wie zum Beispiel in der Luft- und Raumfahrt oder auch im Kraftwerksbau. Zum einen steigt die Geometrieabweichung mit zunehmendem Arbeitsvolumen an, so dass die Prozessfähigkeit durch die Kompensation erheblich gesteigert werden kann. Zum anderen ermöglicht die Kompensation der Geometriefehler mit einer bekannten Restunsicherheit den Einsatz von Werkzeugmaschinen als rückgeführtes Koordinatenmessgerät. Da Koordinatenmessgeräte mit entsprechendem Arbeitsvolumen in vielen Fällen nicht verfügbar sind oder eine große Investition voraussetzen, stellt die Messung auf der Werkzeugmaschine eine wirtschaftlich sinnvolle Alternative dar. Beide Komponenten, die Steigerung der Prozessfähigkeit sowie die Befähigung der Werkzeugmaschine als Koordinatenmessgerät, tragen deutlich zur Steigerung der Produktqualität, der Verkürzung von Durchlaufzeiten und somit zur Wirtschaftlichkeit der Produktion bei.

Neben der Kalibrierung von Werkzeugmaschinen eignet sich das Verfahren der sequentiellen Multilateration mit Tracking-Interferometern auch für die Kalibrierung weiterer Kinematiken oder Produktionsmittel wie zum Beispiel Roboter. Die Voraussetzung ist, dass ein metrologisches Modell der Kinematik und eine Messstrategie entwickelt werden. Des Weiteren muss das Verfahren einen signifikanten Vorteil gegenüber bestehenden Verfahren aufweisen. Die Multilateration eignet sich besonders für die hochpräzise Messung von Geometrieabweichungen.

Zusätzlich zur Kalibrierung von Produktionsmitteln können drei bis vier Tracking-Interferometer als hochpräzises Koordinatenmessgerät genutzt werden. Für diesen Zweck wurde der LaserTracer ursprünglich am National Physical Laboratory (NPL) in London entwickelt [HUGH00; HUGH99]. Ein solches Multilaterations-Koordinatenmessgerät ist unabhängig von den Geometriefehlern der Führungselemente und ab vier eingesetzten Tracking-Interferometern selbst-kalibrierend. Es ermöglicht die Messung einer Koordinate mit einer Unsicherheit von wenigen Mikrometern in einem kartesischen Messvolumen mit einer Kantenlänge von bis zu fünfzehn Metern und ist somit das präziseste Koordinatenmessgerät, das für diesen Messbereich nach dem aktuellen Stand der Technik zur Verfügung steht.

Summary and Outlook

The main research question of this thesis is, if the calibration of machine tools by sequential multilateration and the compensation of geometrical errors contribute significantly to a higher manufacturing quality of machine tools and therefore to a higher efficiency of production. The answer to this research question can be found in chapters 5 to 8 and will be summarized below. Furthermore the effect of the research on industrial production will be discussed and new research questions will be presented which can be derived from this thesis. As the research method is essential for each research project, the chosen approaches will be challenged against the research results and alternative methods will be presented to be used in future research activities.

Summary

The sequential calibration using tracking-interferometers can be used for a complete, fast and precise calibration of coordinate measurement machines. Within recent years this method has also been applied to the calibration of machine tools. This thesis contributes significantly to enhancing the state of the art in the field of machine tool calibration with tracking-interferometers.

Progress beyond state of the art – Increase of knowledge

In this thesis, the first scientific capability evaluation of the volumetric machine tool calibration with tracking-interferometers is being presented. The compensation of machine tool geometrical errors, based on volumetric calibration have been proven to significantly raise manufacturing quality. The research question concerning manufacturing capability can therefore be answered in a positively.

Regarding production efficiency, the efforts of calibration and compensation have to be compared to their economical benefit. Today, the method of numerical compensation of geometrical errors is rarely used in production. Thus at present no experimental data to be used for the evaluation of the economical benefit, exists. Further research has to be done regarding this objective. Nevertheless, careful consideration shows, that the benefit of compensation will exceed its effort in many cases. Especially, if small production lots and a big variety of products are manufactured or, in cases of manufacturing products with small tolerances , where compensation would be essential.

Technological progress beyond state of the art

Additionally to the evaluation of an increased manufacturing quality and the efficiency of compensation, the calibration method itself has been enhanced by a method for the calibration of rotary axes which are common in modern machine tools and a method for the continuous measurement on-the-flight reducing measurement time significantly.

Concerning the calibration of rotary axes, the geometrical errors have to be measured completely and with a sufficiently low measurement uncertainty. To measure the geometrical errors of rotary axes, new algorithms and constraints have been developed with which all rotary error parameters can be calculated out of the displacement measurements of a tracking-interferometer. To perform the displacement measurements an adapted measurement strategy has been developed. To validate the results, a method for the direct measurement of the geometrical error parameters of rotary axes with tracking-interferometers has been designed. Using the directly measured results, it has been proven, that the calibration of rotary axes by sequential multilateration is capable to measure all error parameters of the evaluated machine tool with a sufficiently low uncertainty.

Concerning the continuous on-the-flight calibration, measurement uncertainty was demanded to be comparable to the static calibration. Hence, the distance between each measurement point can be reduced to a few millimetres and measurement time can be reduced significantly. Aiming to achieve these objectives. the machine tools' position measurement and the length measurement of the tracking-interferometer are stored synchronously on an external computer and afterwards computed like the data of a static measurement. Evaluating the synchronization error has shown, that the geometrical errors calculated from the continuous measurements are comparable to those of the static measurement. Compared to a static measurement, measurement time can be reduced by 90% with a measurement point distance of 10 millimetres. The measurement time of the continuous calibration has become independent from the measurement point distance. As a measurement is stored every 20 milliseconds, the distance can be reduced down to less than one millimetre, depending on the velocity of the machine tool movement.

Reviewing the research method

The basis for the technological developments and the evaluation of an increased manufacturing quality as well as the efficiency of compensation is the research method which has been described in chapter 2. Therefore, it will be reviewed in which way these methods contributed to answering the research questions,stated in chapter 1. The review focuses on the epistemology, the experiment in contrast to rationalism and the process of modelling the research object.

Validating the research results, it soon becomes obvious, that the evaluation can only be done for a limited selection of research objects. The evaluated machine tools represent a class of machine tools, where each tool is unique in its characteristics. Compensation effectiveness can only be evaluated for a limited number of produced features. The implication is that it is not possible to generalize research results as it can not be excluded that there is one case that does not confirm the results. With the objective of answering the research question, the validation is therefore done by falsification as described in chapter 2, including a description of the test conditions. Using the falsification principle, the research question can be answered. Nevertheless, it can not be generalized that the calibration and compensation of geometrical errors leads to an improvement in manufacturing quality and contributes to an economical production. Therefore a systematic approach has to be developed to estimate the effectiveness and effectively of calibrating the geometrical errors of machine tools in advance.

Validation itself is conducted by testing a hypothesis, which can be confirmed or refused. Preparing the test it is essential to define fixed and variable parameters. Evaluating the inherent measurement uncertainty of a measurement system it is important that the measurement object stays stable during the measurement and all repeated measurements. Evaluating the measurement uncertainty of sequential multilateration a machine tool in a production environment has been calibrated. Even though the environmental temperature is only changing by ±3° K during one day, these temperature variations have an effect on the measured geometrical errors and therefore have an influence on the evaluated measurement system uncertainty. Despite the above, the experimental data could be successfully used for the falsification of all hypotheses. As follows the research questions could be answered.

Due to a lack of sufficient data put forward by real production companies concerning the economical benefit of calibration and compensation the research question concerning the efficiency of compensation has to be answered on the basis of rational considerations. The starting point of those considerations is the formulation of axioms. An axiom is a proposition that is not proved or demonstrated but considered to be self-evident. Conclusions can be derived by logical linking of these axioms. Evaluating the efficiency of compensation, it becomes obvious, that many benefits are resulting. It is thus very unlikely that there is no company where the benefit of compensation exceeds its efforts. Even though the research question can not be answered by testing a hypothesis it can be derived that an economical benefit of compensating geometrical errors will exceed the efforts under certain conditions.

Another important part of the research process is the modelling of the research object. In production metrology, modelling primarily serves the estimation of measurement uncertainties. To estimate the uncertainty of sequential multilateration using tracking-interferometers an analytical model of the calibration process has been developed which includes all relevant influence parameters.

An analytical model, which describes the physical cause and effect relationships is a good basis for the analysis of the relevance of each influencing variable in respect to the measurement uncertainty. It can therefore be used to identify dominant influences and optimize the measurement process. Setting up an analytic model of such a complex measurement process like the calibration of machine tools requires expert knowledge and is time-consuming. To estimate the measurement uncertainty of tracking-interferometers a simulation environment had to be developed for each specific interferometer design.

Before starting the modelling process, it thus ought to be considered if the measurement process may as well have been described by a black box model. A black box model is based on empirical data of input and output variables. Their relation can be described by a neural network for instance. A disadvantage of a black box model is that the model quality is dependent on the number, uncertainty and distribution of the input and output data within the parameter space and – in many cases – does not achieve the same quality an analytical model can offer. In consequence a new research question has been raised: Is it possible to economically describe a complex measurement process with sufficient accuracy by a combination of an analytical and a black box model and how can the quality of such a model be evaluated?

Outlook

Research contriutes to the answering of research questions. The evaluation of one question frequently leads to new research questions and offers new research opportunities. The following description on further need for research focuses on the evaluation of machine tools and the development of new machine concepts based on calibration and compensation, using machine tools as traceable coordinate measurement machines, the use of tracking-interferometers for the calibration of additional production equipment and kinematics like robots and the use of tracking-interferometers for the realization of a high precision multilateration coordinate measurement machine.

The calibration of machine tools using tracking-interferometers creates new possibilities for the manufacturers and operators of machine tools. As machine tools can be calibrated fast and with high precision, a new machine tool design can be developed focussing on reproducibility and not absolute accuracy which can be achieved by numerical compensation. Additionally the influence of the environmental temperature on the geometric accuracy of the machine tool can be measured and partly compensated.

From the perspective of the machine tool operator, it is important to estimate the effectiveness and efficiency of the error compensation before investing in these technologies. Therefore a systematic approach for the estimation of the effectiveness and efficiency of compensation has to be developed regarding the type of machine tool, the environmental conditions and the manufacturing process.

A very interesting application is the manufacturing of big productions with small tolerances like they are demanded e.g. in the aerospace and the energy industry. On the one hand the geometrical errors increase with the size of the machine tool, meaning that volumetric error compensation will have a big effect on the process capability of those machines, on the other hand it will be possible to use the machine tool as a traceable coordinate measurement machine after compensation. In many cases coordinate measurement machines of such a big working volume are not available or are very expensive. The use of the machine tool as a coordinate measurement machine hence appears to be an economical alternative. Both, raising process capability and the use of machine tools as traceable coordinate measurement machines will increase product quality and reduce lead time and will therefore contribute to an economical manufacturing of large products.

Besides the calibration of machine tools, sequential multilateration can be applied to other kinematics and production equipment like robots. The precondition is that the kinematic of the calibration object is described in a metrological model and a measurement strategy is developed. As multilateration is a very precise calibration method it can be used for high precision applications especially.

Using three to four tracking-interferometers at the same time, it is possible to measure a coordinate with high precision by multilateration. The first LaserTracers have been developed at the National Physical Laboratory (NPL) in England for this purpose [HUGH00; HUGH99]. Now, after the LaserTracer has been redesigned for industrial use, a high precision coordinate measurement machine can be build. Multilateration CMM is insensitive to geometrical errors of the axes and – if four tracking-interferometers are used – is self referencing. Therefore it is possible to measure coordinates with an uncertainty of a few micrometers in a Cartesian measurement volume with a size of each axes of up to ten metres. A multilateration CMM would therefore be the most accurate measurement system available in such a big measurement volume.

10 Literaturverzeichnis

[ALTM05] Altmann, S. L.: Rotations, quaternions, and double groups, Mineola, NY: Dover Publ., 2005.

[BAI04] Bai, A.: Der Einsatz von Simulationen zur Untersuchung von Fehlereinflüssen in der Interferometrie, Aachen, Dissertation, 2004.

[BASI99] Basil, M.; Jamieson, A.: Uncertainty of Complex Systems by Monte Carlo Simulation. In: Measurement & Control, Jg. 32, 1999, Nr. 1, S. 16-20.

[BIRC93] Birch, K.; Downs, M.: An Updated Edlén Equation for the Refractive Index of Air. In: Metrologia, Jg. 30, 1993, S. 155-162.

[BOEN98] Bönsch, G.; Potulski, E.: Measurement of the Refracitve Index of Air and Comparision with the Modified Edléns Formula. In: Metrologia, Jg. 35, 1998, S. 133-139.

[BPG01] N.N.: Best Practice for non-contacting CMMs. University College London; National Physical Laboratory; LEICA UK, London, UK, 2001.

[BREC09] Brecher, C.; Wissmann, A.: Modelling of Thermal Behaviour of a Milling Machine Due to Spindle Load. In: Proceedings of the 12th CIRP Conference on Modeling of Machining Operations. Donostia-San Sebastian (Spain), 7.-8. Mai 2009, S. 673-678.

[BREC06] Brecher, C.: Werkzeugmaschinen 4 – Automatisierung von Maschinen und Anlagen, 6., neu bearbeitete Auflage., Berlin, Heidelberg: Springer-Verlag Berlin Heidelberg, 2006.

[BRET09] Bretschneider, J.: Volumetric Compensation System für SINUMERIK 840D sl, Braunschweig, 05. November 2009.

[BRIN09] Bringmann, B.; Knapp, W.: Machine tool calibration: Geometric test uncertainty depends on machine tool performance. In: Precision Engineering, Jg. 33, 2009, Nr. 4, S. 524-529.

[BRIN08] Bringmann, B.; Besuchet, J. P.; Rohr, L.: Systematic evaluation of calibration methods. In: CIRP Annals – Manufacturing Technology, Jg. 57, 2008, Nr. 1, S. 529-532.

[BRIN05] Bringmann, B.; Küng, A.; Knapp, W.: A measuring artefact for true 3D machine testing and calibration. In: CIRP Annals – Manufacturing Technology, Jg. 54, 2005, Nr. 1, S. 471-474.

[BUSC84] Busch, K.; Kunzmann, H.; Wäldele, F.: Numerical Error-Correction of a Coordinate Measuring Machine. In: Proceedings of the International Symposium Metrology for Quality Control and Production. Tokyo (Japan), 1984, S. 278-282.

[CHAP03] Chapman, M.: Limitations of Laser Diagonal Measurements. In: Precision Engineering, Jg. 27, 2003, S. 401-406.

[CHEN06] Chen, X.; Zhang, G. X.; Zhao, S. Z.; Duan, F. J.: Analysis and Measurement for the Optical Error of the Cat's Eye Retro-Reflector. In: Journal of Physics: Conference Series, Jg. 48, 2006, S. 64-68.

[CHEN99] Chen, J.; Kou, T.; Chiou, S.: Geometric error calibration of multi-axis machines using an auto-alignment laser interferometer. In: Precision Engineering, Jg. 23, 1999, S. 243-252.

[CIDO99] Ciddor, P.; Hill, R.: Refractive index of air. 2. Group index. In: Applied Optics, Jg. 38, 1999, S. 1663-166.

[CLAR01] Clarke, T.; Wang, X.; Cross, N.; Forbes, A.; Fossati, P.: Performance verification for large volume metrology systems. In: Laser metrology and machine performance V. 5th International Conference and Exhibition on Laser Metrology, and Machine Tool, CMM & Robotic Performance, LAMDAMAP, University of Birmingham (UK), 17.-20. Juli 2001, S. 105-116.

[CLAR00] Clarke, T.; Wang, X.; Forbes, A.; Cross, N.: The case for a consistent method of verifying the performance of large volume metrology systems. In: Journal of the CMSC. Dearborn, Michigan: CMS, 2000, nicht paginiert.

[CLAR98] Clarke, T.: Non-Contact Measurement Provides Six of the Best. In: Quality Today, Jg. 16, 1998, S. 46-48.

[COUG00] Coughlan, L.; Basil, M.; Cox, P.: System uncertainty modelling using Monte Carlo simulation. In: Measurement & Control, Jg. 33, 2000, Nr. 3, S. 78-81.

[COX06a] Cox, M. G.; Siebert, B. R.: The use of a Monte Carlo method for evaluating uncertainty and expanded uncertainty. In: Metrologia, Jg. 43, 2006, Nr. 4, S. 178-188.

[COX06b] Cox, M. G.; Harris, P. M.: Measurement uncertainty and traceability. In: Measurement, Science & Technology, Jg. 17, 2006, Nr. 3, S. 533-540.

[COX04] Cox, M.; Harris, P.: Supplements to the GUM. In: VDI-Bericht 1867. Oberhof/ Thüringen, 30. November - 01.Dezember 2004, S. 277-287.

[COXD81] Cox, D. C.; Baybutt, P.: Methods for Uncertainty Analysis: A Comperative Survey. In: Risk Analysis, Jg. 1, 1981, Nr. 4, S. 251-258.

[DOLD02] Dold, J.: Autobauer setzen auf mobile Laser-Messtechnik. In: Auto & Elektronik – Entwicklungen und Applikationen, Jg. 3, 2002, Nr. 5, S. 45-48.

[DONG93] Donges, A.; Noll, R.: Lasermeßtechnik - Grundlagen und Anwendungen, Heidelberg: Hüthig, 1993.

[DYCK03] Dyckhoff, H.: Grundzüge der Produktionswirtschaft, 4. verb. Aufl., Berlin: Springer, 2003.

[EDLE66] Edlen, B.: The Refractive Index of Air. In: Metrologia, Jg. 2, 1966, Nr. 2, S. 71-80.

[ESTL02] Estler, W.; Edmundson, K.; Peggs, G.; Parker, D.: Large-scale metrology – An update. In: CIRP Annals – Manufacturing Technology, Jg. 51, 2002, Nr. 2, S. 587-609.

[GRUN05] Grundler, E.: Erfolgsfaktor 5-Achs-Komplettbearbeitung. In: VDI-Z integrierte Produktion, Jg. 147, 2005, Nr. 3, S. 45-47.

[GUMS06] N.N.: Evaluation of measurement data – Supplement 1 to the "Guide to the expression of uncertainty in measurement" – Propagation of distributions using a Monte Carlo method. JCGM – Joint Committee for Guides in Metrology, 2006.

[GÜNT09] Günther, G.: KinematicsComp – Geometrieabweichungen von Drei- und Fünfachsmaschinen im Raum korrigieren, Braunschweig, 05. November 2009.

[GÜNT05] Günther: Fundamental Calibration Approaches for Parallel Kinematic and Serial Kinematic Machine Tools. In: Laser metrology and machine performance VII. 7th International Conference and Exhibition on Laser Metrology, Machine Tool, CMM & Robotic Performance, LAMDAMAP, Cranfield (UK), 27.-30. Juni 2005, S. 474-483.

[HAUB08] Haubold, T.; Jonas, C.; Kappmeyer, G.; Klocke, F.; Kratz, S.; Raedt, H. W.; Schulten, M.: Wertorientierte Produktionstechnologien – Werte gekonnt generieren. In: Wettbewerbsfaktor Produktionstechnik – Aachener Werkzeugmaschinen-Kolloquium, AWK. Aachen, 5.-6. Juni 2008, S. 125-148.

[HENN09] Hennes, M.; Juretzko, M.: Measuring the motion – Synchronizing a laser tracker for high-accuracy handling tasks. In: Journal of the CMSC. Charlotte (NC)/USA: CMS, 2009, S. 23-28.

[HENN06] Hennes; M.: Präzises und kinematisches Prüfen – Möglichkeiten der Präzisions-High-Speed-Messbahn des Geodätischen Instituts der Universität Karlsruhe. In: Zeitschrift für Geodäsie, Geoinformation und Landmanagement, Jg. [Jahrgang fehlt!], 2006, S. S. 353-358.

[HOF87] Hof, A.: Theorie und Realisierung eines abbe-fehlerfreien, selbstkalibrierenden räumlichen Wegmesssystems. Düsseldorf, Dissertation, 1986.

[HUGH00] Hughes, B.; Wilson, A.; Peggs, G.: Design of a high-accuracy CMM based on multi-lateration techniques. In: CIRP Annals – Manufacturing Technology, Jg. 49, 2000, Nr. 1, S. 391-394.

[HUGH99] Patentschrift, Nr. EP 000000919830 A2 (, 16.10.1998): Hughes, B.: Tracking Laser Interferometer.

[IMKA09] Imkamp, D.; Berthold, J.: Roadmap Fertigungsmesstechnik 2020 (Teil 1) – Schneller, sicherer, genauer. In: Qualität und Zuverlässigkeit, Jg. 54, 2009, Nr. 5, S. 36-39.

[ISHI97] Ishikawa, K.: Introduction to quality control, 5. Auflage, Tokyo: 3A Corporation, 1997.

[JÄHN05] Jähne, B.: Digitale Bildverarbeitung, 6. Auflage., Berlin, Heidelberg: Springer-Verlag, 2005.

[JIAN02] Jiang, H.; Osawa, S.; Takatsuji, T.; Noguchi, H.; Kurosawa, T.: High-Performance Laser Tracker Using an Articulating Mirror for the Calibration of Coordinate Measuring Machine. In: Optical Engineering, Jg. 41, 2002, Nr. 3, S. 632-637.

[JURE08a] Juretzko, M.; Hennes, M.: Monitoring of the spatiotemporal movement of an industrial robot using a laser tracker. In: Proceedings of the 1st International Conference on Machine Control & Guidance. June 24 - 26, 2008, ETH Zürich, Switzerland, S. 315-320.

[JURE08b] Juretzko, M.; Hennes, M.; Schneider, M.; Fleischer, J.: Überwachung der raumzeitlichen Bewegung eines Fertigungsroboters mit Hilfe eines Lasertrackers. In: AVN – Allgemeine Vermessungs-Nachrichten, Jg. 115, 2008, Nr. 5, S. 171-178.

[KAKE06] Kacker, R.; Toman, B.; Huang, D.: Comparison of ISO-GUM, draft GUM Supplement 1 and Bayesian statistics using simple linear calibration. In: Metrologia, Jg. 43, 2006, Nr. 4, S. 167-S177.

[KEUT07] Keuth, H.; Popper, K.: Karl Popper, Logik der Forschung, 3., bearb. Aufl., Berlin: Akad.-Verl., 2007.

[KLOC08] Klocke, F.; Gerschwiler, P.; Jahns, F.; Lingg, G.; Lung, D.; Schlosser, R.; Werner, A. R.; Zeller, R.: Ressourcenschonende Produktion. In: Wettbewerbsfaktor Produktionstechnik – Aachener Werkzeugmaschinen-Kolloquium, AWK. Aachen, 5.-6. Juni 2008, S. 81-124.

[KNAP09] Knapp, W.: Übersichtsvortrag: Geometrieabweichungen von Werkzeugmaschinen, Etalon AG, Braunschweig, 05.11.2009.

[KNAP02] Knapp, W.: Measurement Uncertainty and Machine Tool Testing. In: CIRP Annals – Manufacturing Technology, Jg. 51, 2002, Nr. 1, S. 459-462.

[KNAP91] Knapp, W.; Tschudi, U.; Bucher, A.: Comparison of different artefacts for interim coordinate-measuring machine checking: a report from the Swiss Standards Committee. In: Precision Engineering, Jg. 12, 1991, Nr. 4, S. 277-291.

[KNAP83] Knapp, W.: Test of the Three-Dimensional Uncertainty of Machine Tools and Measuring Machines and its Relation to the Machine Errors. In: CIRP Annals – Manufacturing Technology, Jg. 32, 1983, Nr. 1, S. 459-464.

[KNIE07] Kniel, K.: Ein Beitrag zur Entwicklung eines laserinterferometrischen Trackingsystems für die Genauigkeitssteigerung in der Koordinatenmesstechnik, Bremerhaven, Dissertation, 2007.

[KUBI77] Kubicek, H.: Heuristische Bezugsrahmen und heuristisch angelegte Forschungsdesigns als Elemente einer Konstruktionsstrategie empirischer Forschung. In: Empirische und handlungstheoretische Forschungskonzeptionen in der Betriebswirtschaftslehre. Stuttgart: Poeschel, 1977, S. 3-36.

[KUNZ05] Kunzmann, H.; Pfeifer, T.; Schmitt, R.; Schwenke, H.; Weckenmann, A.: Productive metrology – adding value to manufacture. In: CIRP Annals – Manufacturing Technology, Jg. 54, 2005, Nr. 2, S. 691-704.

[LIN05] Lin, C.-C.; Her, J.-L.: Calibrating the volumetric errors of a precision machine by a laser tracker system. In: International Journal of Advanced Manufacturing Technology, Jg. 26, 2005, Nr. 11-12, S. 1255-1267.

[LINP05] Lin, P. D.; Lu, C.-H.: Modeling and sensitivity analysis of laser tracking systems by skew-ray tracing method. In: Journal of Manufacturing Science and Engineering, Jg. 127, 2005, Nr. 3, S. 654-662.

[LOSE01] Loser, R.: Weiterentwicklung eines absoluten, hochpräzisien und trackingfähigen Distanzmessers für industrielle Anwendungen, Zürich, Schweiz, Dissertation, 2001.

[MAHD09] Mahdavi, M.; Holzapfel, W.: High Precision Calibration of Modern Machine Tools by Inertial Measurement. In: tm – Technisches Messen, Jg. 76, 2009, Nr. 7-8, S. 360-368.

[MAIM60] Maiman, T. H.: Stimulated Optical Radiation in Ruby. In: Nature, Jg. 187, 1960, Nr. 4736, S. 493-494.

[MARK04] Markendorf, A.: Uncertainty Analysis of Spatial Distance Measurements, 2004.

[MICH27] Michelson, A. A.: Studies in optics: Dover; London Constable, 1927.

[MICH88] Michelson, A. A.; Morley, E. W.: On a method of making the wavelength of sodium light the actual and practical standard of length. In: Philosophical Magazine Series 5, Jg. 24, 1887, Nr. 151, S. 463-466.

[MICH86] Michelson, A. A.: Velocity of Light. In: Nature, Jg. 18, 1878, Nr. 451, S. 195-195.

[MICH81] Michelson, A. A.: The Relative Motion of the Earth and the Luminiferous Ether. In: American Journal of Science, Jg. 63, 1881, Nr. 22, S. 120-129.

[MURA09] Muralikrishnan, B.; Sawyer, D.; Blackburn, C.; Phillips, S.; Borchardt, B.; Estler, W. T.: ASME B89.4.19 Performance Evaluation Tests and Geometric Misalignments in Laser Trackers. In: Journal of Research of the National Institute of Standards and Technology, Jg. 114, 2009, S. 21-35.

[OWEN67] Owens, J.: Optical Refractive Index of Air: Dependence on Pressure, Temperature and Composition. In: Applied Optics, Jg. 6, 1967, Nr. 1, S. 51-59.

[PAPA01] Papadopoulos, C.; Yeung, H.: Uncertainty Estimation and Monte Carlo Simulation Method. In: Flow Measurement and Instrumentation, Jg. 12, 2001, Nr. 4, S. 291-298.

[PAUL81] Paul, R. P.: Robot manipulators, 9. Auflage, Cambridge: MIT Press, 1992.

[PEGG09] Peggs, G. N.; Maropoulos, P. G.; Hughes, E. B.; Forbes, A. B.; Robson, S.; Ziebart, M.; Muralikrishnan, B.: Recent developments in large-scale dimensional metrology. In: Proceedings of the Institution of Mechanical Engineers, Part B: Journal of Engineering Manufacture, Jg. 223, 2009, Nr. 6, S. 571-595.

[PFEI01] Pfeifer, T.: Fertigungsmeßtechnik, 2, München: Oldenbourg, 2001.

[POPP93] Popper, K. R.: Die Logik der Sozialwissenschaften. In: Der Positivismusstreit in der deutschen Soziologie. München: Deutscher Taschenbuch-Verlag, 1993, S. 103-123.

[PTB09] Wendt, H.; Rost, K.; Jatzkowski, P.: Messung großer Bauteile mit Lasertrackern – Bestimmung der aufgabenspezifischen Messunsicherheit. Physikalisch Technische Bundesanstalt (PTB), Braunschweig, 2009.

[PUTT78] Puttock, M. J.: Large-scale Metrology. In: CIRP Annals – Manufacturing Technology, Jg. 27, 1978, Nr. 1, S. 351-356.

[RIEM90] Riemensperger, M.; Gottwald, R.: KERN SMART 310 – Leica's Approach to High Precision Dynamic 3D Coordinate Determination. In: Proceedings of the 2nd International Workshop on Accelerator Alignment. Hamburg, 10.-12. September 1990, S. 183-200.

[RULA93] Ruland, R.: The Chesapeake Laser Tracker in Industrial Metrology. In: Proceedings of the 3rd International Workshop on Accelerator Alignment. Annecy (Frankreich), 28. September - 1. Oktober 1993, S. 101-118.

[SART95] Sartori, S.; Zhang, G.: Geometric error measurement and compensation of machines. In: CIRP Annals – Manufacturing Technology, Jg. 44, 1995, Nr. 2, S. 599-609.

[SAWY02] Sawyer, D.; Borchardt, B. P. S.; Fronczek, C.; Estler, T.; Woo, W.; Nickey, R.: A Laser Tracker Calibration System. In: Proceedings of the Measurement Science Conference 2002. Anaheim (Californla), 23.-25. Januar 2002, nicht paginiert.

[SCHM10] Schmitt, R.; Jatzkowski, P.; Lose, J.; Nau, M.: Auf Nummer sicher – Prüfprozessmanagement als Basis valider Qualitätskennzahlen. In: Qualität und Zuverlässigkeit, Jg. 55, 2010, Nr. 3, S. 49-50.

[SCHM09a] Schmitt, R.; Nisch, S.; Jatzkowski, P.: Roadmap Fertigungsmesstechnik 2020 (Teil 5) – Größer, genauer und integrierter. In: Qualität und Zuverlässigkeit, Jg. 54, 2009, Nr. 9, S. 44-47.

[SCHM09b] Schmitt, R.; Jatzkowski, P.; Lose, J.: Management of Measurement Processes – The Key to Success in Production Industry, Innovalia Association, Bilbao, 26.03.2009.

[SCHM09c] Schmitt, R.; Jatzkowski, P.: Prüfprozessmanagement – Chancen und Herausforderungen für den Mittelstand. In: AVN – Allgemeine Vermessungs-Nachrichten, Jg. 116, 2009, Nr. 5, S. 195-199.

[SCHM09d] Schmitt, R.; Jatzkowski, P.; Schwenke, H.; Warmann, C.: Advances in the error mapping of machine tools and coordinate measurement machines (CMMs) by sequential multilateration. In: Laser metrology and machine performance IX. 9th International Conference and Exhibition on Laser Metrology, Machine Tool, CMM & Robotic Performance, LAMDAMAP, London (UK), 30. Juni - 02. Juli 2009, S. 452-461.

[SCHM09e] Schmitt, R.; Nisch, S.; Jatzkowski, P.: Genauigkeit für Riesen – Koordinatenmesstechnik für Großvolumiges in Entwicklung. In: Qualität und Zuverlässigkeit, Jg. 54, 2009, Nr. 8, S. 40-43.

[SCHM09f] Schmitt, R.; Fritz, P.; Jatzkowski, P.; Lose, J.: Evaluating the Uncertainty of Complex Measurement Systems. In: 14° Congrès international de Métrologie – Mesurer pour agir, agir pour progresser. Paris, 22.-25. Juni 2009, CD-ROM.

[SCHM08a] Schmitt, R.; Jatzkowski, P.: Innovative Messtechnik zur Kalibrierung von Werkzeugmaschinen. In: AVN – Allgemeine Vermessungs-Nachrichten, Jg. 115, 2008, Nr. 5, S. 167-169.

[SCHM08b] Schmitt, R.; Fritz, P.; Jatzkowski, P.; Lose, J.; Koerfer, F.; Wendt, K.: Abschätzung der Messunsicherheit komplexer Messsysteme mittels statistischer Simulation durch den Hersteller. In: Messunsicherheit praxisgerecht bestimmen. 4. Fachtagung Messunsicherheit, Erfurt, 12. - 13. November 2008, nicht paginiert.

[SCHM07] Schmalzried, S.: Dreidimensionales optisches Messsystem für eine effizientere geometrische Maschinenbeurteilung, Karlsruhe, Dissertation, 2007.

[SCHN99] Schnell, R.; Hill, P.; Esser, E.: Methoden der empirischen Sozialforschung, 6, München: Oldenburg-Verlag, 1999.

[SCHW09a] Schwenke, H.; Schmitt, R.; Jatzkowski, P.; Warmann, C.: On-the-fly calibration of linear and rotary axes of machine tools and CMMs using a tracking interferometer. In: CIRP Annals – Manufacturing Technology, Jg. 58, 2009b, Nr. 1, S. 477-480.

[SCHW09b] Schwenke, H.: Mehr Effizienz und Genauigkeit – Mess- und Werkzeugmaschinen prüfen und kompensieren. In: Quality Engineering, Jg. 11, 2009a, Nr. 8, S. 16-19.

[SCHW08] Schwenke, H.; Knapp, W.; Haitjema, H.; Weckenmann, A.; Schmitt, R.; Delbressine, F.: Geometric error measurement and compensation of machines – An update. In: CIRP Annals – Manufacturing Technology, Jg. 57, 2008, Nr. 2, S. 660-675.

[SCHW06] Schwenke H.; Santel F.: GPS für die Werkzeugmaschine. In: VDI-Z integrierte Produktion, Jg. 148, 2006, Nr. 5, S. 47-49.

[SCHW05] Schwenke, H.; Franke, M.; Hannaford, J.; Kunzmann, H.: Error mapping of CMMs and machine tools by a single tracking interferometer. In: CIRP Annals – Manufacturing Technology, Jg. 54, 2005, Nr. 1, S. 475-478.

[SCHW04] Schwenke, H.; Franke, M.; Schneider, C.-T.; Hannaford, J.: Calibration of CMMs and machine tools by parametric multilateration. In: VDI-Bericht 1860. 8th International Symposium on Measurement and Quality Control in Production, Erlangen, 12. - 15. Oktober 2004, S. 333-338.

[SCHW03] Schwenke, H.; Waldele, F.: Messunsicherheiten auf KMG automatisch bestimmen. In: VDI-Bericht 1805. Oberhof/Thüringen, 20. - 21. November 2003, S. 223-232.

[SCHW00] Schwenke, H.: Assessment of uncertainties in dimensional metrology by Monte Carlo simulation. In: CIRP Annals – Manufacturing Technology, Jg. 49, 2000, Nr. 1, S. 395-398.

[SCHW99] Schwenke, H.: Abschätzung von Messunsicherheiten durch Simulation an Beispielen aus der dimensionellen Fertigungsmesstechnik, Bremerhaven, Deutschland, Dissertation, 1999.

[SCHW99] Patentschrift, Nr. DE 000019947374 A1 (, 01.10.1999): Schwenke, H.; Wendt, K.: Verfahren zur Ermittlung geometrischer Abweichungen von Koordinatenmeßgeräten und Werkzeugmaschinen.

[SIEB04] Siebert, B.; Sommer, K.-D.: Weiterentwicklung des GUM und Monte-Carlo-Techniken. In: tm – Technisches Messen, Jg. 71, 2004, Nr. 2, S. 67-80.

[SLOC92] Slocum, A.: Design of Three-Groove Kinematic Couplings. In: Precision Engineering, Jg. 14, 1992, Nr. 3, S. 67-76.

[SOON05] Soons, J. A.: Analysis of the Step-diagonal Test. In: Laser metrology and machine performance VII. 7th International Conference and Exhibition on Laser Metrology, Machine Tool, CMM & Robotic Performance, LAMDAMAP, Cranfield (UK), 27.-30. Juni 2005, S. 126-137.

[SPIE98] Spieß, S.; Vincze, M.; Ayromlou, M.: On the calibration of a 6-D laser tracking system for dynamic robot measurements. In: IEEE Transactions on Instrumentation and Measurement, Jg. 47, 1998, Nr. 1, S. 270-274.

[SPIE97] Spieß, S.; Vincze, M.; Ayromlou, M.: On the calibration of a 6D laser tracking system for contactless, dynamic robot measurements. In: Conference Record – IEEE Instrumentation and Measurement Technology Conference, Jg. 2, 1997, S. 1203-1208.

[SPIE94] Spieß, S.: An Error Model of a Laser Tracking System, Wien, Österreich, Diplomarbeit, 1994.

[STAC80] Stachowiak, H.: Der Modellbegriff in der Erkenntnistheorie. In: Journal for General Philosophy of Science, Jg. 11, 1980, Nr. 1, S. 53-68.

[STRU07] Strutzke, A.: CNC-Marktstudie zeigt Anwenderwünsche. In: Maschinenmarkt – das Industriemagazin, Jg. 10, 2007, Nr. 42, S. 24-25.

[TAKA00] Takatsuji, T.; Goto, M.; Kirita, A.; Kurosawa, T.; Tanimura, Y.: Relationship between the measurement error and the arrangement of laser trackers in laser trilateration. In: Measurement, Science & Technology, Jg. 11, 2000, Nr. 5, S. 477-483.

[TAKA99] Takatsuji, T.; Goto, M.; Osawa, S.; Yin, R.; Kurosawa, T.: Whole-Viewing-Angle Cat's-Eye Retroreflector as a Target of Laser Trackers. In: Measurement, Science & Technology, Jg. [Jahrgang fehlt!], 1999, Nr. 10, S. S.N87-N90.

[TIPL07] Tipler, P. A.; Mosca, G.; Pelte, D.; Basler, M.: Physik für Wissenschaftler und Ingenieure, 2, Berlin: Spektrum Akademischer Verlag, 2007.

[TRAP91] Trapet, E.; Wäldele, F.: A reference object based method to determine the parametric error components of co-ordinate measuring machines and machine tools. In: Measurement, Jg. 9, 1991, S. 17-21.

[ULRI81] Ulrich, H.: Die Betriebswirtschaftslehre als anwendungsorientierte Sozialwissenschaft. In: Die Führung des Betriebes. Stuttgart: Poeschel, 1981, S. 1-25.

[UMET05] Umetsu, K.; Furutnani, R.; Osawa, S.; Takatsuji, T.; Kurosawa, T.: Geometric calibration of a coordinate measuring machine using a laser tracking system. In: Measurement, Science & Technology, Jg. 16, 2005, Nr. 12, S. 2466-2472.

[VDI89] N.N.: Dokumentation Genauigkeit von Laserinterferometer-Systemen, Düsseldorf: VDI-Verl., 1989.

[VDW08] N.N.: Welt-Werkzeugmaschinenstatistik 2008. VDW – Verein Deutscher Werkzeugmaschinenfabriken, Frankfurt, 2008.

[WACH06] Wachten, C.; Friedrich, L.; Müller, C.; Ament, C.: Modellierung und Validierung eines Laser-Tracker-Systems zur 3D-Positionserfassung. In: Sensoren und Messsysteme 2006. 13. ITG/GMA-Fachtagung, Freiburg/Breisgau, 13. - 14. März 2006, S. 297-300.

[WAEL04] Wäldele, F.: Methoden zur Ermittlung der Messunsicherheit von Koordinatenmessungen. In: Präzisionsmesstechnik in der Fertigung mit Koordinatenmessgeräten. Renningen: expert-Verl, 2004, S. 215-239.

[WAEL02] Wäldele, F.; Schwenke, H.: Automatische Bestimmung der Messunsicherheiten auf KMGs. In: tm – Technisches Messen, Jg. 69, 2002, Nr. 12, S. 550-557.

[WANG00] Wang: Laser vector measurement technique for the determination and compensationof volumetric positioning errors, Part 1. Basic theory. In: Review of Scientific Instruments, Jg. 71, 2000, Nr. 10, S. 3933-3937.

[WARN09] Warnatz, U.: Möglichkeiten der volumetrischen Fehlerkompensation, Braunschweig, 5. November 2009.

[WECK06] Weck, M.; Brecher, C.: Werkzeugmaschinen 5 – Messtechnische Untersuchung und Beurteilung, dynamische Stabilität, 7. Auflage, Berlin, Heidelberg: Springer-Verlag, 2006.

[WECK05] Brecher, C.; Weck, M.: Werkzeugmaschinen 1 – Maschinenarten und Anwendungsbereiche, Berlin, Heidelberg: Springer-Verlag Berlin Heidelberg, 2005.

[WEND03] Wendt, K.; Schwenke, H.; Bosemann, W.; Dauke, M.: Inspection of large CMMs by sequential multi-lateration using a single laser tracker. In: Laser metrology and machine performance VI. 6th International Conference and Exhibition on Laser Metrology, Machine Tool, CMM & Robotic Performance, LAMDAMAP, University of Huddersfield (UK), 15.-18. Juli 2003, S. 121-130.

[WEND01] Wendt, K.; Schwenke, H.; Wäldele, F.; Krawxzy, M.; Kniel, K.: Error mapping of large CMMs by sequential multi-lateration using a laser tracker. In: Proceedings of the 2nd international EUSPEN conference. Turin (Italien), 27.-31. Mai 2001, S. 258-261.

[YONG03] Yongbing, L.; Guoxiong, Z.; Zhen, L.: An Improved Cat's-Eye Retroreflector used in a Laser Tracking Interferometer System. In: Measurement, Science & Technology, Jg. 14, 2003, S. N36-N40.

[ZHUA03] Zhuang, H.; Motaghedi, S.; Roth, Z.; Bai, Y.: Calibration of Multi-Beam Laser Tracking Systems. In: Robotics and Computer-Integrated Manufactoring, Jg. 19, 2003, S. 301-314.

[ZHUA95] Zhuang, H.; Roth, Z.: Modeling gimbal axis misalignments and mirror center offset in a single-beam laser tracking measurement system. In: International Journal of Robotics Research, Jg. 14, 1995, Nr. 3, S. 211-224.

[ZHUA94] Zhuang, H.; Roth, Z. S.: Modeling gimbal axis misalignments and mirror center offset in a single-beam laser tracking measurement system. In: Proceedings of the International Conference on Robotics and Automation. San Diego (Kalifornien), 8. - 13. Mai 1994, S. 3416-3421.

[ZHUA92] Zhuang, H.; Li, B.; Roth, Z. S.; Xie, X.: Self-calibration and mirror center offset elimination of a multi-beam laser tracking system. In: Robotics and Autonomous Systems, Jg. 9, 1992, Nr. 4, S. 255-269.

[ZURC95] Zurcher, W.; Loser, R.; Kyle, S.: Improved reflector for interferometric tracking in three dimensions. In: Optical Engineering, Jg. 34, 1995, S. 2740-2743.

Normen und Richtlinien

[ASMEB89] Norm: B89.4.19 (2006): Performance Evaluation of Laser Based Spherical Coordinate Measurement Systems.

[DIN13005] Norm: DIN V ENV 13005 (1999): Leitfaden zur Angabe der Unsicherheit beim Messen (GUM).

[DIN1319] Norm: DIN 1319 Teil 1 (1995): Grundlagen der Messtechnik: Grundbegriffe.

[DIN9001] Norm: DIN EN ISO 9001 (2008): Qualitätsmanagementsysteme – Anforderungen.

[DKD98] N.N.: Rückführung von Mess- und Prüfmitteln auf nationale Normale. DKD – Deutscher Kalibrierdienst, Braunschweig, Deutschland, 1998.

[ISO10012] Norm: DIN EN ISO 10012 (2004): Messmanagementsysteme – Anforderungen an Messprozesse und Messmittel.

[ISO230-1] Norm: DIN ISO 230 Teil 1 (1999): Werkzeugmaschinen – Prüfregeln für Werkzeugmaschinen: Geometrische Genauigkeit von Maschinen, die ohne Last oder unter Schlichtbedingungen arbeiten.

[ISO230-7] Norm: Nr. ISO 230 Teil 7 (2006): Test code for machine tools: Geometric accuracy of axes of rotation.

[ISO-TS16949] Norm: Nr. ISO-TS 16949 (2009): Quality management systems – Particular requirements for the application of ISO 9001:2008 for automotive production and relevant service part organizations.

[VDI2617-2.3] Richtlinie: VDI 2617 Blatt 2.3 (2006): Genauigkeit von Koordinatenmessgeräten. Kenngrößen und deren Prüfung – Ermittlung der Unsicherheit von Messungen auf Koordinatenmessgeräten durch Simulation.

[VDI2617-5.1] Richtlinie: VDI 2617 Blatt 5.1 (2000): Genauigkeit von Koordinatenmessgeräten. Kenngrößen und deren Prüfung – Überwachung mit Kugelplatten.

[VDI2617-5] Richtlinie: VDI 2617 Blatt 5 (2001): Genauigkeit von Koordinatenmessgeräten. Kenngrößen und deren Prüfung – Überwachung durch Prüfkörper.

[VDI2617-7] Richtlinie: VDI 2617 Blatt 7 (2008): Genauigkeit von Koordinatenmessgeräten. Kenngrößen und deren Prüfung – Ermittlung der Unsicherheit von Messungen auf Koordinatenmessgeräten durch Simulation.

[VIM07] Richtlinie: ISO/IEC Guide 99 (2007): International vocabulary of metrology — Basic and general concepts and associated terms (VIM).

Anhang A Strahlablenkung nach dem Fermat'schen Prinzip

Lichtstrahlen, die sich durch ein Medium mit veränderlichem Brechungsindex bewegen, folgen in ihrem Verhalten dem Fermat'schen Prinzip. Dies besagt, dass sich ein Lichtstrahl zwischen zwei Punkten im Raum nicht ideal gradlinig bewegt, sondern dem Pfad der minimalen Laufzeit folgt und sich somit auf einer gekrümmten Bahn bewegt. Als Grundlage für die Abschätzung der Unsicherheit der Längenmessung von Tracking-Interferometern wird im Folgenden beschrieben, wie der Einfluss von Gradienten des Brechungsindex auf den Strahlverlauf modelliert wird.

A1 Physikalische Grundlagen

In einem Medium mit dem Brechungsindex n und der Lichtgeschwindigkeit v gilt:

$$v = \frac{c_0}{n} \tag{1}$$

mit c_0 = Vakuumlichtgeschwindigkeit

Des Weiteren gilt für die Wellenlänge λ:

$$\lambda = \frac{v}{f} = \frac{c_0}{f} \cdot \frac{1}{n} = \frac{\lambda_0}{n} \tag{2}$$

mit λ_0 = Vakuumlichtwellenlänge
f = Frequenz

Aus (2) folgt, dass sich die Wellenlänge mit höherem Brechungsindex verkürzt. Die Lichtgeschwindigkeit im optischen dichteren Medium nimmt somit ab. Da ein Lichtstrahl nach dem Fermat'schen Prinzip zwischen zwei Punkten nicht dem direkten Weg, sondern dem Weg der geringsten Laufzeit folgt, wir der Lichtstrahl in das optische dünnere Medium abgelenkt.

Für einen senkrecht zur Strahlrichtung verlaufenden Gradienten lässt sich die Stahlablenkung mathematisch als zweidimensionales Phänomen beschreiben. In diesem Fall verläuft der Lichtstrahl nach dem Fermat'schen Prinzip zwischen zwei Punkten x_0 und x_1 entlang der Bahn $X(t)$:

$$X : t \mapsto \vec{x}(t) = \begin{pmatrix} x \\ y \end{pmatrix}, \; t \in [0,1], \; \vec{x}(0) = x_0, \; \vec{x}(1) = x_1 \tag{3}$$

mit der Bedingung, dass die Laufzeit τ minimal wird, die wiederum vom Brechungsindex der Luft abhängt:

$$\tau(X) = \frac{1}{c_0} \int_0^1 n(\vec{x}(t)) \cdot \left\| \frac{d}{dt} \vec{x}(t) \right\|_2 dt \tag{4}$$

Dabei ist $n(\vec{x})$ der Brechungsindex an der Position $\vec{x}$.

A2 Modellierung des Strahlverlaufs

Der Brechungsindex der Luft ist abhängig von der Temperatur und dem Luftdruckdruck sowie der Luftfeuchtigkeit und der chemischen Zusammensetzung der Luft [BOEN98; BIRC93]. Der Einfluss der letzteren beiden Einflussgrößen ist aufgrund ihrer geringen Auswirkungen auf den Brechungsindex für die folgenden Betrachtungen vernachlässigbar. Weiterhin kann angenommen werden, dass in der Fertigungsumgebung Temperaturgradienten ca. einem Grad pro Meter und Druckgradienten aufgrund des Höhendrucks von ca. 12 Pascal pro Meter zu erwarten sind. Berechnungen auf Basis dieser Annahmen zeigen, dass sich die daraus folgenden Änderungen des Brechungsindex im Raum gut linearisieren lassen. Entsprechend kann auch die Änderung des Brechungsindex mit konstanten Gradienten berechnet werden und es folgt:

$$n(\vec{x}) = n_0 + grad(n)^T \cdot \begin{pmatrix} x \\ y \end{pmatrix}, \text{ mit } grad(n) = \begin{pmatrix} n_x \\ n_y \end{pmatrix} \quad (5)$$

Unter der Annahme konstanter Gradienten des Brechungsindex folgt für den Strahlverlauf *X(t)* ein parabelförmiger Verlauf [ESTL02; PUTT78]. Um diesen anzunähern werden im Modell Bezier-Polynome 2. Grades verwendet:

$$B_2(t) = (1-t)^2 \cdot c_1 + 2(1-t)t \cdot c_2 + t^2 \cdot c_3 \quad (6)$$

Der Bahnverlauf wird durch drei Kontrollpunkte c_i beschrieben. Für die Berechnung des Strahlverlaufs wird angenommen, dass sich das Tracking-Interferometer an dem Kontrollpunkt c_1 und der Reflektor an dem Punkt c_3 befindet. Für die Strahlablenkung werden kleine Abweichungen b_y angenommen.

Damit ist folgender Ausdruck zu minimieren, der die gemessene Länge η angibt:

$$\eta(b_y) = \int_0^1 n(\vec{x}(t)) \cdot \left\| \frac{d}{dt} \vec{x}(t) \right\|_2 dt, \text{ mit } n(\vec{x}) = n_0 + grad(n)^T \cdot \vec{x}, \; \vec{x}(t) = B_2(t) \quad (7)$$

Dieser Ausdruck unterscheidet sich von der Laufzeit τ um den Faktor $1/c_o$, der als Konstante die Minimierung nicht beeinflusst. Der Wert des Parameters b_y, den dieser bei einer Minimierung der Funktion annimmt, entspricht der Ablenkung des Lichtstrahls von der idealen Gerade.

A3 Berechnung der gemessenen Länge

Zur Minimierung wird die Gleichung (7) vereinfacht. In einem ersten Schritt wird der Ausdruck

$$v(t) = \left\| \frac{d}{dt} \vec{x}(t) \right\|_2$$

aus Gleichung (7) durch ein Taylor-Polynom $v_T(t)$ 2. Grades ersetzt, das an der Stelle $t^*=0,5$ entwickelt wird.

$$v_T(t) = L + 8\frac{b_y^{\ 2}}{L}(t - t^*)^2 \tag{8}$$

Im zweiten Schritt werden zwei Summanden aus der Gleichung entfernt die die Ausdrücke $n_x b_y^2$ bzw. $n_y b_y^3$ enthalten, da davon ausgegangen werden kann, dass die Größenordnung dieser Summanden vernachlässigbar ist.

Nach diesen Umformungen folgt für $\eta(b_y)$ folgende Gleichung:

$$\begin{aligned}\eta(b_y) &= \int_0^1 n(\vec{x}(t)) \cdot v_T(t)dt \\ &= \int_0^1 \left(n_0 L + t \cdot L^2 \cdot n_x + 2(1-t)t \cdot b_y \cdot n_y \cdot L + 8n_0 \frac{b_y^{\ 2}}{L}(t - t^*)^2 \right) dt \\ &= Ln_0 + \frac{1}{2} \cdot L^2 n_x + 2 \cdot L \cdot n_y \cdot b_y \int_0^1 (1-t)t \cdot dt + 8n_0 \frac{b_y^{\ 2}}{L} \int_0^1 (t - t^*)^2 \cdot dt \\ &= Ln_0 + \frac{1}{2} \cdot L^2 n_x + \frac{1}{3} \cdot L \cdot n_y \cdot b_y + \frac{2}{3}\frac{n_0}{L} b_y^{\ 2}\end{aligned} \tag{9}$$

Zur Minimierung sind die ersten beiden Ableitungen zu betrachten:

$$\frac{d}{db_y}\eta(b_y) = \frac{1}{3} \cdot L \cdot n_y + \frac{4}{3}\frac{n_0}{L} b_y, \quad \frac{d^2}{db_y^2}\eta(b_y) = \frac{4}{3}\frac{n_0}{L} > 0 \tag{10, 11}$$

Daraus ergibt sich folgende Gleichung zur Berechnung des Minimums:

$$b_y^{\min} = \left(-\frac{1}{3} \cdot L \cdot n_y \right) \cdot \frac{3}{4}\frac{L}{n_0} = -\frac{1}{4}\frac{L^2}{n_0} n_y \tag{12}$$

Damit folgt wiederum für die gemessene Länge:

$$\eta(b_y^{\min}) = Ln_0 + \frac{1}{2} L^2 n_x - \frac{1}{12} \cdot \frac{L^3}{n_0} \cdot n_y^{\ 2} + \frac{1}{24}\frac{L^3}{n_0} n_y^{\ 2} \tag{13}$$

Anhang B Geometrische Modellierung des Strahlverlaufs

Um die optische Stabilität des Messkopfs von Tracking-Interferometern zu untersuchen, ist es erforderlich die optischen Komponenten und den Verlauf des Laserstrahls zu simulieren. Eine etablierte Methode zur Modellierung optischer Strahlengänge ist das geometrische Stahlverfolgung (Skew-Ray Tracing) [LINP05; SPIE98; SPIE97]. Der Laserstrahl wird durch einen Stütz- und einen Richtungsvektor im Raum repräsentiert, dessen Position und Orientierung durch optische Elemente nach festen Regeln manipuliert werden kann. Die Grundlage für die Verschiebung und die Rotation des Vektors sowie der optischen Elemente sind homogene Transformationen. Trifft der Laserstrahl auf einen Spiegel im Strahlführungssystem, ändert sich dessen Orientierung aufgrund der Reflektion an der optischen Grenzfläche.

Der gesamte Strahlverlauf ergibt sich aus der Aneinanderreihung von Transformationen unter Berücksichtigung der geometrischen Fehler der Strahlnachführung von Tracking-Interferometern. Der Einfluss der Geometriefehler auf die Längenmessung folgt aus der Differenz der Vektorketten des idealen und des fehlerbehafteten Strahlverlaufs.

B1 Homogene Transformationen

Homogene Transformationen werden zur Beschreibung geometrischer Beziehungen zwischen Objekten eingesetzt. Entsprechend bilden homogene Transformationen die Grundlage für die Beschreibung des Strahlführungsmechanismus von Tracking-Interferometern.

Homogene Vektoren $\vec{v}$ in einem n-dimensionalen Raum haben (n+1) Einträge. Der (n+1)-te Eintrag ist einen Skalierungsfaktor ungleich null, der zur Umrechnung in kartesische Koordinaten im R^3 benötigt wird. Ein Vektor $\vec{v} = a \cdot i + b \cdot j + c \cdot k$, bei dem *i*, *j* und *k* Einheitsvektoren entlang der Achsen *x*, *y* und *z* sind, wird wie folgt von kartesischen zu homogenen Koordinaten transformiert:

$$\vec{v} = \begin{bmatrix} a \cdot i \\ b \cdot j \\ c \cdot k \end{bmatrix} \rightarrow \vec{v}_h = \begin{bmatrix} x \\ y \\ z \\ w \end{bmatrix} \tag{14}$$

mit

$$w = \frac{x}{a} = \frac{y}{b} = \frac{z}{c}$$

In der Regel wird *w* der Wert „1“ zugeordnet, so dass eine Dehomogenisierung durch das einfach Weglassen des (n+1)-ten Eintrages erfolgt. Ist der (n+1)-ten Eintrag gleich „0“, handelt es sich um einen Richtungsvektor.

Die zur Strahlverfolgung benötigten homogenen Transformationen sind die Translation und die Rotation. Eine Translation eines Vektors entspricht in homogener Matrixschreibweise:

$$Trans(a,b,c) = \begin{bmatrix} 1 & 0 & 0 & a \\ 0 & 1 & 0 & b \\ 0 & 0 & 1 & c \\ 0 & 0 & 0 & 1 \end{bmatrix}. \tag{15}$$

Das Skalarprodukt der Translation und des zu transformierenden Vektors bzw. der zu transformierenden Ebene ergibt den transformierten Vektor bzw. die transformierte Ebene. Die Berechnung kann auch als Vektoraddition interpretiert werden:

$$\vec{v}_{trans} = Trans(a,b,c) \cdot \vec{v} = \begin{bmatrix} 1 & 0 & 0 & a \\ 0 & 1 & 0 & b \\ 0 & 0 & 1 & c \\ 0 & 0 & 0 & 1 \end{bmatrix} \cdot \begin{bmatrix} x \\ y \\ z \\ w \end{bmatrix} = \begin{bmatrix} x + a \cdot w \\ y + b \cdot w \\ z + c \cdot w \\ w \end{bmatrix} = \begin{bmatrix} x/w + a \\ y/w + b \\ z/w + c \\ 1 \end{bmatrix} \tag{16}$$

Eine Rotation um den Winkel *Θ* um eine Achse eines Koordinatensystems kann mit Hilfe folgender Rotationsmatrizen durchgeführt werden:

$$Rot(x,\theta) = \begin{bmatrix} 1 & 0 & 0 & 0 \\ 0 & \cos\theta & -\sin\theta & 0 \\ 0 & \sin\theta & \cos\theta & 0 \\ 0 & 0 & 0 & 1 \end{bmatrix} \tag{17}$$

$$Rot(y,\theta) = \begin{bmatrix} \cos\theta & 0 & \sin\theta & 0 \\ 0 & 1 & 0 & 0 \\ -\sin\theta & 0 & \cos\theta & 0 \\ 0 & 0 & 0 & 1 \end{bmatrix} \tag{18}$$

$$Rot(z,\theta) = \begin{bmatrix} \cos\theta & -\sin\theta & 0 & 0 \\ \sin\theta & \cos\theta & 0 & 0 \\ 0 & 0 & 1 & 0 \\ 0 & 0 & 0 & 1 \end{bmatrix} \tag{19}$$

Wie die Translation wird auch die Rotation über das Skalarprodukt berechnet. Es ist dabei zu beachten, dass die Rotationen nicht kommutativ sind, also nicht in beliebiger Reihenfolge durchgeführt werden können [PAUL81]:

$$Rot(x,\theta) \cdot Rot(y,\theta) \neq Rot(y,\theta) \cdot Rot(x,\theta) \tag{20}$$

Bild B.10.1 verdeutlicht diesen Zusammenhang anhand der Transformation eines Koordinatensystems {K'} in {C}. Die erste Rotation bestimmt die Orientierung der darauf folgenden Rotationen.

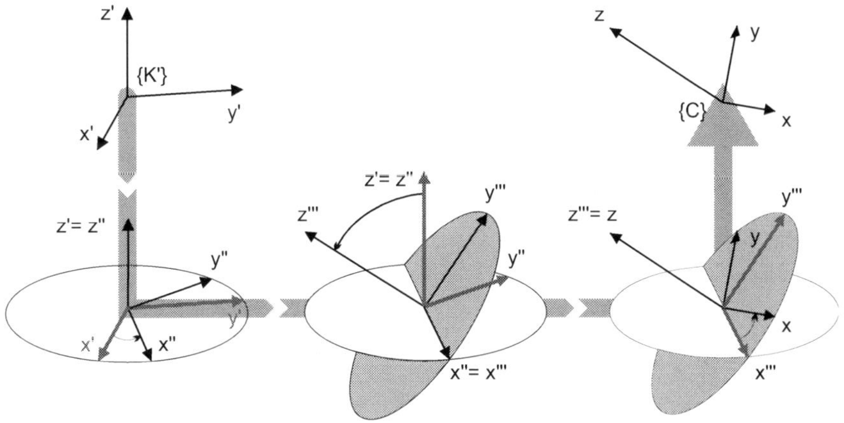

Bild B.10.1: Transformation eines Koordinatensystems [JÄHN05]

Anstatt die Rotation um die Achsen eines Koordinatensystems durchzuführen kann auch um eine beliebige Achse mit dem Einheitsvektor $\vec{n}$ rotiert werden:

$$R(\vec{n},\theta)=\begin{bmatrix} \cos\theta+n_1^2(1-\cos\theta) & n_1n_2(1-\cos\theta)-n_3\sin\theta & n_1n_3(1-\cos\theta)+n_2\sin\theta & 0 \\ n_2n_1(1-\cos\theta)+n_3\sin\theta & \cos\theta+n_2^2(1-\cos\theta) & n_2n_3(1-\cos\theta)-n_1\sin\theta & 0 \\ n_3n_1(1-\cos\theta)-n_2\sin\theta & n_3n_2(1-\cos\theta)+n_1\sin\theta & \cos\theta+n_3^2(1-\cos\theta) & 0 \\ 0 & 0 & 0 & 1 \end{bmatrix} \quad (21)$$

Diese Rotationsmatrix R geht auf die Rodrigues-Formel zurück [ALTM05]. Diese Transformation wird auch als konische Transformation von $\vec{r}$ bezeichnet, da der Vektor $\vec{r}$ auf einem Kegel um die Rotationsachse $\vec{n}$ rotiert.

Die komplette Transformation, die eine Rotation um einen beliebigen Einheitsvektor und eine Translation umfasst kann schließlich mit der folgenden Matrix durchgeführt werden:

$$TM=\begin{bmatrix} \cos\theta+n_1^2(1-\cos\theta) & n_1n_2(1-\cos\theta)-n_3\sin\theta & n_1n_3(1-\cos\theta)+n_2\sin\theta & a \\ n_2n_1(1-\cos\theta)+n_3\sin\theta & \cos\theta+n_2^2(1-\cos\theta) & n_2n_3(1-\cos\theta)-n_1\sin\theta & b \\ n_3n_1(1-\cos\theta)-n_2\sin\theta & n_3n_2(1-\cos\theta)+n_1\sin\theta & \cos\theta+n_3^2(1-\cos\theta) & c \\ 0 & 0 & 0 & 1 \end{bmatrix} \quad (22)$$

Eine inverse Transformation erfolgt über die Multiplikation mit der inversen Transformationsmatrix $(TM)^{-1}$.

B2 Reflektion an optischen Grenzflächen

Mithilfe homogener Transformationen werden der Stütz- und der Richtungsvektor des Laserstrahls sowie die optischen Elemente wie das Spiegelsystem oder der Reflektor in einem globalen Koordinatensystem positioniert. Trifft der Laserstrahl auf einen dieser Spiegel, ändert sich die Orientierung des Strahls aufgrund der Reflektion an der optischen Grenzfläche (Bild B.10.2):

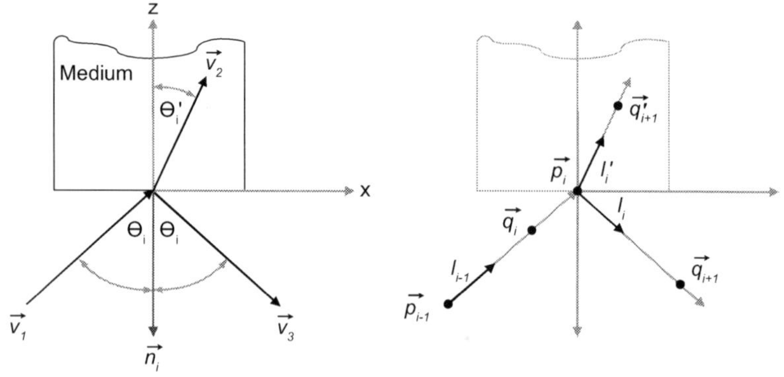

$\vec{v}_1$ = einfallender Strahl, $\vec{v}_2$ = gebrochener Strahl, $\vec{v}_3$ = reflektierter Strahl

$\vec{n}$ = Normalenvektor der optischen Grenzfläche.

Bild B.10.2: Berechnung der Reflektion eines Lichtstrahls an einer ebenen Fläche [ZHUA95, LIN05]

Bei dem reflektierten Strahl ist der Einfallswinkel gleich dem Ausfallswinkel. Der reflektierte Strahl kann entsprechend folgender Gleichung berechnet werden:

$$\vec{v}_3 = -\vec{v}_1 + 2 \cdot (\vec{v}_1 \cdot \vec{n}) \cdot \vec{n} \tag{23}$$

Um die Berechnung der Orientierung des reflektieren Strahls zu vereinfachen, wird ein lokales Koordinatensystem definiert, dessen Ursprung durch den Schnittpunkt von Laserstrahl und Grenzfläche definiert wird. Die Orientierung des lokalen Koordinatensystems entspricht der Orientierung des Normalenvektors, der die Grenzfläche beschreibt (Bild B.10.2).

Eigene Veröffentlichungen

[JATZ08] Jatzkowski, P.; Nisch, S.: Mehr Vertrauen in die Inline-Messtechnik – Praxisnahe Rückführung nach VDA 5. In: Excellence in Production – Fertigungsmesstechnik und Qualitätsmanagement. Lampertheim: ALPHA Verlag, 2008, S. 46-47.

[SCHM10a] Schmitt, R.; Jatzkowski, P.; Lose, J.; Nau, M.: Auf Nummer sicher – Prüfprozessmanagement als Basis valider Qualitätskennzahlen. In: Qualität und Zuverlässigkeit, Jg. 55, H. 3, 2010, S. 49-50.

[SCHM10b] Schmitt, R.; Jatzkowski, P.; Schwenke, H.; Warmann, C.: Volumetrische Kalibrierung von 5-Achs Werkzeugmaschinen mit Tracking-Interferometern. In: Tagungsband zum XXIV. Messtechnischen Symposium des Arbeitskreis der Hochschullehrer für Messtechnik e.V., Hamburg, 23.-25.09.2010, S. 215-230.

[SCHM10c] Schmitt, R.; Jatzkowski, P.; Wendt, K.: Koordinatenmesstechnik für Karosserien – Rückführung von optischen Produktionsmesssystemen. In: VDI-Bericht 2120. VDI-Fachtagung Koordinatenmesstechnik, Braunschweig, 3.-04. November 2010, S. 185-193.

[SCHM09a] Schmitt, R., Jatzkowski, P.; Lose, J.: Management of Measurement Processes – The Key to Success in Production Industry. Innovalia Association. Bilbao, 2009

[SCHM09b] Schmitt, R.; Fritz, P.; Jatzkowski, P.; Lose, J.: Evaluating the Uncertainty of Complex Measurement Systems. In: 14° Congrès international de Métrologie - Mesurer pour agir, agir pour progresser, CD-ROM.

[SCHM09c] Schmitt, R.; Jatzkowski, P.: Prüfprozessmanagement - Chancen und Herausforderungen für den Mittelstand. In: AVN – Allgemeine Vermessungs-Nachrichten, 116 5, 2009, S. 195-199.

[SCHM09d] Schmitt, R.; Jatzkowski, P.; Schwenke, H.; Warmann, C.: Advances in the error mapping of machine tools and coordinate measurement machines (CMMs) by sequential multilateration. In: Laser metrology and machine performance IX. 9th International Conference and Exhibition on Laser Metrology, Machine Tool, CMM & Robotic Performance, LAMDAMAP 2009, 30th June-2nd July 2009, Brunel University, West London, S. 452-461.

[SCHM09e] Schmitt, R.; Nisch, S.; Jatzkowski, P.: Genauigkeit für Riesen - Koordinatenmesstechnik für großvolumiges in Entwicklung. In: Qualität und Zuverlässigkeit, 54 8, 2009, S. 40-43.

[SCHM09f] Schmitt, R.; Jatzkowski, P.; Schwenke, H.: Kinematische Kalibrierung von 5-Achs Werkzeugmaschinen mit LaserTracern. In: AVN – Allgemeine Vermessungs-Nachrichten, Jg. 116, H. 6, 2009, S. 214-218.

[SCHM09g] Schmitt, R.; Nisch, S.; Jatzkowski, P.: Roadmap Fertigungsmesstechnik 2020 (Teil 5) – Größer, genauer und integrierter. In: Qualität und Zuverlässigkeit, Jg. 54, H. 9, 2010, S. 44-47.

[SCHM08a] Schmitt, R.; Fritz, P.; Jatzkowski, P.; Lose, J.; Koerfer, F.; Wendt, K.: Abschätzung der Messunsicherheit komplexer Messsysteme mittels statistischer Simulation durch den Hersteller. In: Messunsicherheit praxisgerecht bestimmen. Düsseldorf: VDI Wissensforum, 2008, nicht paginiert.

[SCHM08b] Schmitt, R.; Jatzkowski, P.: Innovative Messtechnik zur Kalibrierung von Werkzeugmaschinen. In: AVN – Allgemeine Vermessungs-Nachrichten, 115 5, 2008, S. 167-169.

[SCHM08c] Schmitt, R.; Jatzkowski, P.: Qualifikation der Produktion durch den Eignungsnachweis von Prüfprozessen. In: AVN – Allgemeine Vermessungs-Nachrichten, 115 5, 2008, S. 163-166.

[SCHM08d] Schmitt, R.; Jatzkowski, P.; Lose, J.: Experiment im Computer – Untersuchung komplexer Messsysteme durch Simulation. In: Qualität und Zuverlässigkeit, 53 4, 2008, S. 184-185.

[SCHW09] Schwenke, H.; Schmitt, R.; Jatzkowski, P.; Warmann, C.: On-the-fly calibration of linear and rotary axes of machine tools and CMMs using a tracking interferometer. In: CIRP Annals – Manufacturing Technology, 58 1, 2009, S. 477-480.

In der Reihe **Ergebnisse aus der Produktionstechnik** zuletzt erschienen:

Daniels, Matthias
Substrukturkopplung zur effizienten Schwingungsanalyse von Werkzeugmaschinen
ISBN: 978-3-86359-523-4
Erscheinungsdatum: 04.07.2017

Falk, Björn Richard
Integration auf Sinneswahrnehmungen beruhender Kundenforderungen in das Quality Function Deployment
ISBN: 978-3-86359-518-0
Erscheinungsdatum: 21.06.2017

Gsell, Stephan Cornelius
Antriebsbasierte Schwingungsdämpfung für Werkzeugmaschinen und Fahrzeugantriebe
ISBN: 978-3-86359-522-7
Erscheinungsdatum: 13.06.2017

Stauder, Jens
Anlauforientierte Gestaltung von Fertigungssystemen
ISBN: 978-3-86359-520-3
Erscheinungsdatum: 13.06.2017

Hausberg, Carlo Benedikt
Bestimmung der strukturbedingten Leistungsgrenzen der Produktionssteuerung
ISBN: 978-3-86359-510-4
Erscheinungsdatum: 15.05.2017

Mallmann, Guilherme Francisco
Optical Measurement System for the Machine Integrated Monitoring and Automation of Laser Micro Machining Processes
ISBN: 978-3-86359-503-6
Erscheinungsdatum: 15.05.2017

Neumann, Annika Vera
Objektivierung der haptischen Oberflächenwahrnehmung des Deskriptors Rauheit
ISBN: 978-3-86359-504-3
Erscheinungsdatum: 05.05.2017

Weber, Gerd-Thomas
Auswahl und Auslegung von Fräsprozessen für Großverzahnungen
ISBN: 978-3-86359-509-8
Erscheinungsdatum: 21.04.2017

Liu, Yuan:
Mesh-based CAM Solution for Laser Manufacturing and Repair Processes
ISBN: 978-3-86359-507-4
Erscheinungsdatum: 11.04.2017

Günther, Sebastian:
Verbesserung der energiebezogenen Leistung der Produktionsprozesse keramischer Baumaterialien durch Benchmarking
ISBN: 978-3-86359-506-7
Erscheinungsdatum: 17.03.2017

Edition Wissenschaft
Apprimus

Buchkremer, Stefan:
Irreversible Thermodynamics of Nano-Structural Surface Modifications in Metal Cutting
ISBN: 978-3-86359-508-1
Erscheinungsdatum: 17.03.2017

Bäumers, Yvonne:
Wirtschaftlicher Detaillierungsgrad der Montageablaufplanung
ISBN: 978-3-86359-495-4
Erscheinungsdatum: 02.03.2017

Kuhlmann, Thomas Benedikt:
Corporate Tooling Modularer Werkzeugbau als Befähiger internationaler Produktionsnetzwerke
ISBN: 978-3-86359-490-9
Erscheinungsdatum: 03.02.2017

Salmen, Michael:
Gestaltungsmodell für den digital vernetzten Shopfloor im Werkzeugbau
ISBN: 978-3-86359-479-4
Erscheinungsdatum: 27.01.2017

Hollstegge, Daniel:
Process-Induced Changes in Optical Properties of Precision Molded Glass Lenses
ISBN: 978-3-86359-474-9
Erscheinungsdatum: 16.12.2016

Gerlach, Max:
Leistungsstaffelung in Produktprogrammen
ISBN: 978-3-86359-478-7
Erscheinungsdatum: 16.12.2016

Amini, Payam:
Empirische Analyse der Abweichung des Produktwerturteils vor dem Kauf und während der Nutzungsphase von Gebrauchsgütern
ISBN: 978-3-86359-501-2
Erscheinungsdatum: 02.03.2017

Wegener, Maximilian:
Ressourceneffiziente Gestaltung von Prozessketten mit additiven Fertigungsverfahren
ISBN: 978-3-86359-487-9
Erscheinungsdatum: 02.03.2017

Graßler, Lisa:
Reifegradmodell zur Unterstützung bei der Einführung und Weiterentwicklung von Qualitätsmanagementsystemen an deutschen Universitäten
ISBN: 978-3-86359-485-5
Erscheinungsdatum: 03.02.2017

Schumacher, Sven:
Risikomanagement für die qualitätsorientierte Entwicklung industrieller Dienstleistungen
ISBN: 978-3-86359-488-6
Erscheinungsdatum: 13.01.2017

Sommer, Martin:
Produktbaukastengerechte Organisationsstrukturen
ISBN: 978-3-86359-484-8
Erscheinungsdatum: 16.12.2016

von Hebel, Sabrina:
Komplexitätskostenrelevante Ursache-Wirkungs-Beziehungen im Werkzeugbau bei Stanz- und Umformwerkzeugen
ISBN: 978-3-86359-473-2
Erscheinungsdatum: 12.12.2016

FSC
www.fsc.org
MIX
Papier | Fördert gute Waldnutzung
FSC® C083411

Kolibri 360 GmbH
Ferdinand-Jühlke-Straße 7
99095 Erfurt, Deutschland
produktsicherheit@kolibri360.de